王天威　编著

控制之美 [卷1]
控制理论从传递函数到状态空间

Beauty of Control Systems

From Transfer Function to State Space Representation

清华大学出版社
北京

内 容 简 介

本书涵盖了动态系统分析、经典控制理论与现代控制理论的核心基础内容。其中,经典控制理论以拉普拉斯变换为数学工具,通过传递函数分析系统的表现并进行控制器的设计;现代控制理论以状态空间方程为研究对象,以微分方程和线性代数为数学工具,从时域的角度分析系统的表现并设计系统的控制器。本书在多个章节对比讲解了两种理论之间的区别与联系。

本书共分为10章。第1章为绪论;第2、3章分别介绍使用传递函数和状态空间方程描述系统的方法;第4、5章使用这两种方法分析一阶系统与二阶系统的时域响应;第6章介绍系统稳定性的概念;第7、8章重点分析经典控制理论中的控制器设计方法,包含比例积分控制和根轨迹法;第9章介绍系统的频率响应并与滤波器的设计相结合;第10章讨论现代控制理论中的控制器设计,以及观测器设计方法。附录部分介绍两个广泛使用的工程数学工具:线性化与傅里叶变换。

本书的目标是以简单的语言讲述复杂的知识,引起读者对控制理论的兴趣,并使读者掌握控制理论的核心精神,为未来深入学习其他相关知识打下基础。同时,本书是一本“实战性”很强的书籍,大部分章节以一个实际例子入手,从开发者的角度展开分析并引出知识点。本书的多个章节有案例分析,并对结果与讨论部分进行了详细的讲解,这部分内容将为读者的论文写作及科研分析提供思路。

本书适合自动化专业的本科生或研究生、相关领域的科研人员使用,尤其适合准备研究生复试的学生使用。本书配套的视频详细讲解了使用计算机软件(GNU Octave)分析书中例子的方法,并提供了详细代码,读者可以扫描书中二维码浏览。

图书在版编目(CIP)数据

控制之美. 卷1,控制理论从传递函数到状态空间/王天威编著.—北京:清华大学出版社,2022.7
(2024.8重印)
ISBN 978-7-302-60975-9

Ⅰ.①控… Ⅱ.①王… Ⅲ.①自动控制理论 Ⅳ.①TP13

中国版本图书馆 CIP 数据核字(2022)第 089512 号

责任编辑:杨迪娜
封面设计:徐 超
责任校对:李建庄
责任印制:沈 露

出版发行:清华大学出版社
      网 址:https://www.tup.com.cn,https://www.wqxuetang.com
      地 址:北京清华大学学研大厦 A 座 邮 编:100084
      社 总 机:010-83470000 邮 购:010-62786544
      投稿与读者服务:010-62776969,c-service@tup.tsinghua.edu.cn
      质量反馈:010-62772015,zhiliang@tup.tsinghua.edu.cn
      课件下载:https://www.tup.com.cn,010-83470236
印 装 者:三河市科茂嘉荣印务有限公司
经 销:全国新华书店
开 本:185mm×260mm 印 张:11 字 数:269 千字
版 次:2022 年 7 月第 1 版 印 次:2024 年 8 月第 11 次印刷
定 价:69.00 元

产品编号:094779-01

谨以此书致我的父亲王翼清

前 言
PREFACE

　　自 2017 年起,我开始以网名 DR_CAN 在哔哩哔哩网站上发表自己制作的动态系统和控制理论的视频课程。我当时的想法很简单,如果能有 50 人,也就是一个班的同学可以从我的视频中得到启发,我就心满意足了。没想到几年过去了,到本书截稿时,频道已经获得了超过 16 万人的关注以及 500 多万次的视频观看量。

　　在过去的几年中,我收到了大量的留言,其中有很多朋友希望我分享视频中的笔记,或者推荐一些参考书籍。也有朋友给我留言提醒,为我愤愤不平,他们发现我的视频内容被一些网友整理并发表了出来,有的加了引用,也有的直接拿来使用,甚至有些是从视频中截图直接放进自己的网文里。对于这样的行为,我并没有感到很大的冒犯,因为我讲述的这些知识都属于自动化学科中的基础知识,都是前辈科学家们的发现与创造。我所做的工作是将其中的重点与核心内容整理出来,把晦涩难懂的地方加入了我的个人理解之后,再尝试用简单易懂的方式介绍给大家。当然,这种尝试取得了很好的效果,也有越来越多的同学从中得到了启发。

　　在我最开始制作视频的阶段,所计划的内容并不多。但随着关注的同学越来越多,大家提出了各类的问题和有兴趣的话题。所以有很多开始时并没有计划的内容便以补丁的形式做到了视频里。这就导致了整个视频课程虽然完整,但是缺少严谨的逻辑性。而且回过头去看,我也发现了一些口误与笔误,有些例子的使用也并不是最适合的。考虑以上几点,我决定写一本可读性强、结构严谨、举例生动的书籍作为视频的深化与补充。

　　在编写本书时,我选择了将经典控制理论和现代控制理论的核心内容包括其中,并打破了传统教科书中将两者分离的讲解方式,重点说明两者的联系与区别。此外,我重新设计了一些贯穿章节的案例,从开发者的角度为读者深入浅出地讲解动态系统分析及控制理论中的重要概念与知识点。同时,通过案例的结果与讨论,我希望向各位读者传递科学思考的方法及思辨的精神。

　　最后,我要感谢清华大学出版社的杨迪娜编辑为本书的立项、编排与出版付出的辛勤劳动,同时感谢清华大学出版社对本书的支持。

感谢我的师弟黄军魁博士,他在繁忙的工作中抽出时间阅读本书的草稿,并为一些章节的写作、例子的展开、结果与讨论提供思路。同时感谢陶欣然博士对部分章节提出的修改建议。

感谢所有哔哩哔哩网站上的粉丝对我的关注、留言、提问与批评。

感谢我的母亲宋津丽对我一如既往的信任与鼓励。感谢我一岁的儿子王逸飞对我"三言两语"的支持以及带给我的无尽快乐。

最要感谢的是我的爱人王莎莎博士在我写作的过程中对家庭的奉献与付出。同时,她虽然并非本专业人士,但依然帮助我指出了稿件中的写作问题及纰漏之处。

限于本人水平,书中的缺点和不足之处在所难免,热忱欢迎各位读者批评指正。有关图书的建议和意见,请发送到以下邮箱:ydn85@sina.cn。勘误表扫描封底本书代码即可获取。

王天威

2022 年 7 月

读者评论

黄军魁博士-Stellantis-CAE Engineer/Researcher

本书通过浅显易懂的文字,绕开繁杂的公式理论,用一种讲故事的方式和读者进行沟通,拥有极强的代入感,相信通过这样的方式可以使读者对系统建模及控制理论形成由浅入深的理解。本书的特点是其新颖的例子及思考问题的角度,通过在每个章节的开始提出一个问题,并随着章节的深入,对提出的问题进行分析,进而最终解决问题。同时,本书对得出的结果会进行深入详细的讨论分析,启发读者思考。传统的填鸭式教学、死记硬背的方式是非常容易忘记的,这一点相信大家都深有体会:考试前几天进行突击复习,考试后全部忘光。而本书的教学方法可以帮助读者对知识点产生牢固的记忆,进而使读者对这门学科产生更加深刻的理解。同时,作者也不忘时刻提醒读者要保持辩证的思维看问题,对得到的结果从不同的方面讨论优势和劣势,尽量从整体的高度来分析问题。当然,任何事情都没有捷径,希望读者不仅要动脑,还要动笔,花时间对所学知识点进行练习、计算,最好做到灵活运用、举一反三。

陶欣然博士-MathWorks-Engineer

作者从在哔哩哔哩网站上传课程开始,就是想帮助广大的工程专业学生,以一种接地气、贴近生活、充满快乐的方式,更加方便地掌握晦涩枯燥的控制工程理论。在制作这些课程的过程中,作者不断地改进、创新自己的授课方式和内容,并积累了很多经验,收到了很多关注和积极反馈。在这本书里,作者毫无保留地将网络授课的宝贵经验,以及最具有自己特点的学习思维倾注在了所有章节的讲解里,精心设计的例题也独具特色,能让读者在学习的过程中体会到一个工程师的情怀。

哔哩哔哩网站粉丝留言

粉丝 独孤小鱼

搞控制科学,并准备走学术的同学一定要好好看看 UP 主(上传者)的视频,不然就会像我一样,都博二了,还得回头看这些。很多时候我仿真都复现出来了,却不知道论文的作者在干嘛?为什么要这么做?原理是什么?我学了但没吃透这些理论。想要再进一步做出点自己的东西,就要好好把理论啃下来,最好连渣都不剩。弄懂了理论再去看论文,你会发现控制的文章离不了这些东西:状态方程、参数不确定、李雅普诺夫稳定性、分离定理、滑膜、自适应、鲁棒、最优、跟踪、各种观测器,然后搞仿真,最后找几篇顶刊学习作者的写作方式,搞研究发文章才能事半功倍。

粉丝 鹰之旋

真心地感谢你能如此这般地讲解傅里叶变换,就我自己来说,从来没有如此透彻地理解过它。一个数学理论或公式,如果不懂其原理或推导过程,在使用中总是让我心里不踏实,感觉是那么生硬。对于数学的一致性,我感觉那样完美。再次谢谢 UP 主。

粉丝 衍什么

谢谢您,在读研究生正在猛攻控制中。您发的视频确实直接或者间接地推动了中国科研的进步!

粉丝 在下_Niubility

DR_CAN 老师强啊!以前看有的数学公式真的难懂晦涩,而把数学和物理工程结合起来,感觉一瞬间打通了好多。老师别断更啊,我会一直支持你的!

粉丝 会飞的西早

真希望在生活中也有个像 DR_CAN 一样的老师!

粉丝 爱吃肉的墙锦鹿

从 2021 年 3 月考上研开始看的老师视频,现在我已经发了一篇 EI 啦,谢谢老师,您的视频极大加速了我的学习进程。

粉丝 兰奕 1201

来说些真心话,我个人本科专业是电气自动化,研究生阶段是控制科学与工程的系统优化方向,就 DR_CAN 老师的授课内容而言是较为契合的受众。多年理工科粗浅的学习经验告诉自己,只有通过系统扎实的学习才会真正入门一些专业知识,我也从来不奢望通过看几个十来分钟的视频就能掌握一门技术。但现实情况是,在导师较为佛系,或者需要自学某些晦涩的专业知识时,即使有强大的意志力,我等天资平平的大脑还是会出现投入和产出严重失衡的情况,这时候如果有个出色的前辈带一带,就关键知识时不时点拨一下,就会效果斐然。很幸运遇见老师,从偶然刷到特征值那节课,我就被老师深入浅出、返璞归真的讲解和清晰准确的思维折服,我反反复复把很多节课来回琢磨,在观看过程中记不清多少次发出感叹,反正经常看完脑子里想着"功德无量"四个字。由于自己也是研究生初期,不好评价内容的普适性,但对我个人而言极尽其用。课程内容已经不仅是带入门的水平,更激发了我继续学习相关内容的渴望与激情,我也推荐给了身边的同学学习。愿老师身体健康,工作顺利;同学们学业有成,皆有所成!

目　录

CONTENTS

第 1 章　绪论 ……………………………………………………………………… 1

　1.1　动态系统 …………………………………………………………………… 1

　1.2　控制系统 …………………………………………………………………… 3

第 2 章　动态系统建模——传递函数 …………………………………………… 5

　2.1　卷积与微分方程 …………………………………………………………… 5

　　2.1.1　卷积 …………………………………………………………………… 5

　　2.1.2　常见动态系统微分方程举例 ………………………………………… 8

　2.2　拉普拉斯变换 ……………………………………………………………… 11

　　2.2.1　拉普拉斯变换的定义 ………………………………………………… 11

　　2.2.2　拉普拉斯变换的收敛域 ……………………………………………… 14

　　2.2.3　拉普拉斯逆变换 ……………………………………………………… 15

　2.3　传递函数和系统设计 ……………………………………………………… 16

　　2.3.1　传递函数 ……………………………………………………………… 16

　　2.3.2　控制系统传递函数 …………………………………………………… 18

　2.4　非零初始状态下的传递函数 ……………………………………………… 20

　2.5　本章要点总结 ……………………………………………………………… 20

第 3 章　动态系统建模——状态空间方程 ……………………………………… 22

　3.1　状态空间方程 ……………………………………………………………… 22

　　3.1.1　状态空间方程表达式 ………………………………………………… 22

　　3.1.2　状态空间方程与传递函数的关系 …………………………………… 26

　3.2　相平面数学基础 …………………………………………………………… 27

3.2.1 矩阵的特征值与特征向量 ······························· 27
3.2.2 特征值与特征向量的应用——线性方程组解耦 ············· 29
3.3 相平面与相轨迹分析 ··· 31
3.3.1 一维相轨迹 ··· 31
3.3.2 二维相平面与相轨迹——简化形式 ······················ 34
3.3.3 二维相平面与相轨迹——一般形式 ······················ 37
3.4 相平面案例分析——爱情故事 ·································· 42
3.5 本章要点总结 ·· 47

第4章 一阶系统的时域响应分析 ································ 48
4.1 引子——案发时间是几点 ······································ 48
4.2 一阶系统的时域响应 ·· 49
4.2.1 典型一阶系统和典型系统输入信号 ····················· 49
4.2.2 一阶系统单位冲激响应 ································· 50
4.2.3 一阶系统单位阶跃响应 ································· 52
4.3 案发时间揭秘 ·· 54
4.4 本章要点总结 ·· 55

第5章 二阶系统的时域响应分析 ································ 57
5.1 二阶系统的一般形式——传递函数和状态空间方程 ············· 57
5.2 二阶系统对初始状态的响应 ···································· 58
5.3 二阶系统的单位阶跃响应 ······································ 60
5.4 二阶系统性能指标分析 ·· 64
5.4.1 二阶系统的重要性能指标 ······························ 64
5.4.2 二阶系统的性能分析 ··································· 68
5.5 本章要点总结 ·· 69

第6章 稳定性 ·· 71
6.1 系统稳定性的定义 ·· 71
6.1.1 稳定性的直观理解 ····································· 71
6.1.2 稳定性的定义 ··· 72
6.1.3 稳定性的研究对象 ····································· 74
6.2 稳定性与传递函数 ·· 74
6.3 稳定性与状态空间方程 ·· 76
6.4 本章要点总结 ·· 78

第7章 基于传递函数的控制器设计(1)——比例积分控制 ········· 79
7.1 引子——燃烧卡路里 ·· 79
7.2 比例控制 ·· 81

7.3 比例积分控制器 ·· 83
　　7.3.1 终值定理 ·· 84
　　7.3.2 积分控制 ·· 84
　　7.3.3 比例积分控制 ·· 87
7.4 含有限制条件的控制器设计 ································· 89
7.5 本章要点总结 ·· 90

第 8 章 基于传递函数的控制器设计(2)——根轨迹法 ·········· 91
8.1 根轨迹的研究目标与方法 ···································· 91
8.2 根轨迹绘制的基本规则 ······································ 93
8.3 根轨迹的几何性质 ··· 98
8.4 基于根轨迹的控制器设计 ··································· 101
　　8.4.1 比例微分控制 ··· 102
　　8.4.2 超前补偿器 ··· 104
　　8.4.3 滞后补偿器 ··· 105
8.5 比例积分微分(PID)控制器 ································· 109
8.6 本章要点总结 ·· 110

第 9 章 频率响应与分析 ·· 112
9.1 引子——百万调音师 ·· 112
9.2 频率特性推导 ·· 113
9.3 一阶系统的频率响应 ······································· 117
9.4 二阶系统的频率响应 ······································· 119
9.5 伯德图 ··· 122
　　9.5.1 伯德图的含义与性质 ·································· 122
　　9.5.2 典型系统的频率响应 ·································· 124
　　9.5.3 调音台的设计 ··· 128
9.6 本章要点总结 ·· 129

第 10 章 基于状态空间方程的控制器及观测器的设计与应用 ····· 131
10.1 引子——指尖上的平衡 ···································· 131
　　10.1.1 问题的提出与数学建模 ······························ 131
　　10.1.2 PID 控制方案 ······································· 132
　　10.1.3 状态空间方程建模 ·································· 134
10.2 系统的能控性 ·· 135
　　10.2.1 系统能控性的直观理解 ······························ 135
　　10.2.2 系统能控性的定义与判据 ···························· 135
　　10.2.3 系统能控性的举例与分析 ···························· 136
10.3 线性状态反馈控制器 ······································ 137

10.3.1 极点配置 ·· 137

10.3.2 最优化控制初探——LQR 控制器 ······················· 141

10.3.3 轨迹追踪 ·· 143

10.4 观测器设计 ··· 146

10.4.1 系统的能观测性 ·· 146

10.4.2 线性观测器设计 ·· 146

10.4.3 线性观测器举例 ·· 147

10.4.4 观测器与控制器的结合 ··· 150

10.5 本章要点总结 ··· 151

附录 A 非线性系统的线性化 ·· 152

附录 B 傅里叶级数与变换 ·· 155

B.1 三角函数的正交性 ··· 155

B.2 周期为 2π 的函数展开成傅里叶级数 ······································ 156

B.3 周期为 $2L$ 的函数展开成傅里叶级数 ······································ 159

B.4 傅里叶级数的复数表达形式 ··· 160

B.5 傅里叶变换 ··· 162

绪　　论

　　自动控制是现代社会不可缺少的组成部分,我们生活在被自动控制系统包围的环境中。坐在家里,新风系统会自动调节室内温度与湿度,人们喝着刚从冰箱里拿出来的冰凉可口却不结冰的饮料,坐在全自动的按摩椅上,享受着人造卫星从千里之外传送过来的球赛直播信号。与此同时,扫地机器人正在毫无怨言地打扫着房间的每一个角落。走在路上,行驶中的每一辆汽车都装配有全自动的发动机冷却系统,这套系统保障了车辆不管是在严寒的阿拉斯加还是在酷热潮湿的东南亚都可以正常运行。智能交通灯会根据路口车辆和行人的流量调整红绿灯的切换时间,最大限度地减少路上的拥堵。在智能工厂中,一台机器人正在使用视觉引导系统和精密的运动控制伺服系统将相机模组精确地组装到手机基板上,它在以人类无法达到的精度与速度重复着此项工作。在它身后有成百上千的机器人在没有人员监督的流水线上井然有序地工作着,或是装配,或是打包,或是检测。大规模的自动化控制系统为我们带来了价格低廉且优质的商品。在快递分拣中心会看到日夜不停运转的传送带、自动引导运输车和时刻闪烁的扫码器,自动化仓库控制系统在努力地保障着每一件包裹按时流向它的终点。相比于几十年前,这些自动控制的应用让我们现在的生活变得更加便利、更加美好。

　　在这些科技感十足的应用背后是不断发展的控制理论。控制理论本身是一门充满美感的学科,它作为一门单独的学科诞生于 20 世纪中叶。自诞生以来,这门学科就始终致力于将数学理论应用在现实生活当中。在过去的几十年中,控制理论已经发展成为一门综合性很强的学科,它涵盖了应用数学、机械电子、计算机技术和信号处理以及电气工程等。而且,每当有新的数学理论或者新的科技突破,都会很快地应用到自动控制相关的领域当中。例如近年来高速发展的智能机器人控制、无人飞行器控制和无人驾驶等,都得益于计算机硬件的快速发展、人工智能(AI)、云计算以及神经网络算法的应用和发展。自动控制领域始终是高新技术的一块重要试验地。而且控制理论的思想也已经扩展到了很多非工程领域,例如视频网站的推送算法、生物医学系统和经济系统等,在其中都可以找到控制算法的影子。

1.1　动态系统

　　控制理论的研究对象是**动态系统**(**Dynamic System**)。动态系统是指状态随时间变化的系统,其特点为系统的**状态变量**(**State Variable**)是时间的函数。如图 1.1.1 所示,在光滑的

图 1.1.1 动态系统举例

平面上对一辆质量为 m 的小车施加一个随时间变化的外力 $u(t)$，这便构成了一个动态系统。其中，小车的位移 $x(t)$ 是此系统的状态变量，它是时间的函数。它随时间的变化率是其对时间 t 的导数 $\dfrac{\mathrm{d}x(t)}{\mathrm{d}t}$，这也代表了小车的速度。而速度随时间的变化率为 $\dfrac{\mathrm{d}^2 x(t)}{\mathrm{d}t^2}$，代表小车的加速度。根据牛顿第二定律，得到

$$u(t) = m\,\frac{\mathrm{d}^2 x(t)}{\mathrm{d}t^2} \tag{1.1.1}$$

在这个动态系统中，将外力 $u(t)$ 定义为系统的**输入**（**Input**），将小车位移 $x(t)$ 定义为系统的**输出**（**Output**）。式(1.1.1)说明给定的系统输入(即作用在小车上的外力 $u(t)$)将通过影响小车的加速度和小车的速度，最终影响系统的输出(小车的位移 $x(t)$)。

在本书中，若无特别说明，研究的动态系统特指**线性时不变系统**(Linear Time Invariant System)。其中，**线性**指系统的输入与输出是线性映射的，符合**叠加原理**(Superposition Principle)。如图 1.1.2 所示，如果一个线性系统在输入 $u_1(t)$ 的作用下，输出是 $x_1(t)$；在输入 $u_2(t)$ 的作用下，输出是 $x_2(t)$。那么当输入为 $au_1(t)+bu_2(t)$(其中 a 和 b 是常数)时，系统的输出等于 $ax_1(t)+bx_2(t)$。

$$\xrightarrow{\;u_1(t)\;}\boxed{\text{线性系统}}\xrightarrow{\;x_1(t)\;}$$
$$\xrightarrow{\;u_2(t)\;}\boxed{\text{线性系统}}\xrightarrow{\;x_2(t)\;}\quad\Longrightarrow\quad \xrightarrow{\;au_1(t)+bu_2(t)\;}\boxed{\text{线性系统}}\xrightarrow{\;ax_1(t)+bx_2(t)\;}$$

图 1.1.2 线性系统性质

时不变性是指如果系统的输入信号延迟了时间 T，那么系统的输出也会延迟时间 T。如图 1.1.3 所示，系统在输入 $u_1(t)$ 作用下的输出是 $x_1(t)$。那么在延迟 T 之后的输入 $u_1(t-T)$ 作用下，系统的输出是 $x_1(t-T)$。一般情况下，时不变系统的数学表达式中都是常数系数(系数不是时间的函数)。

$$\xrightarrow{\;u_1(t)\;}\boxed{\text{时不变系统}}\xrightarrow{\;x_1(t)\;}\quad\Longrightarrow\quad\xrightarrow{\;u_1(t-T)\;}\boxed{\text{时不变系统}}\xrightarrow{\;x_1(t-T)\;}$$

图 1.1.3 时不变系统性质

线性时不变系统必须**同时满足**上面两个性质。请判断下面几例是否为线性时不变系统：

(1) $a\,\dfrac{\mathrm{d}^2 x(t)}{\mathrm{d}t^2} + b\,\dfrac{\mathrm{d}x(t)}{\mathrm{d}t} + c(t)x(t) = u(t)$

该系统为线性时变系统，因为参数 $c(t)$ 随时间变化。

(2) $a\,\dfrac{\mathrm{d}^2 x(t)}{\mathrm{d}t^2} + b\,\dfrac{\mathrm{d}x(t)}{\mathrm{d}t} + \sin x(t) = u(t)$

该系统为非线性时不变系统，其中非线性项为 $\sin x(t)$，而 $\sin x_1(t) + \sin x_2(t) \neq \sin(x_1(t)+x_2(t))$。

$$(3)\ a\ \frac{\mathrm{d}^2 x(t)}{\mathrm{d}t^2} + b\ \frac{\mathrm{d}x(t)}{\mathrm{d}t} + cx(t) = u(t)$$

该系统为线性时不变系统。

需要说明的是,从严格意义上讲,时不变系统是不存在的,因为"人不能两次踏进同一条河流",但在大部分工程情况下,在系统分析的时间区间内,参数是恒定的或者是缓慢变化的。对于非线性的系统,一般可以做线性化处理(参考附录A)。不可以近似为线性时不变的系统不在本书的讨论范围之内。

1.2　控制系统

通过研究动态系统的数学模型和系统表现,可以得到在给定输入 $u(t)$ 作用下的系统**响应**(**Response**,即系统在输入 $u(t)$ 作用下的输出 $x(t)$)。当掌握了动态系统输入与输出的关系之后,就可以设计控制器来调节动态系统的输入,使得系统的输出按照预期的目标响应。

一般而言,**控制系统**(**Control System**)由**控制器**(**Controller**)和动态系统组成。在图1.2.1所描述的控制系统中,其被控对象是图1.1.1中的动态系统。控制器会根据**参考值**(**Reference**)$r(t)$ 来决定**控制量**,即动态系统的输入 $u(t)$。这种简单的控制方式称为**开环**(**Open Loop**)控制。当系统的全部信息可知且准确时,开环控制可以完美地达成控制目标。在本例中,如果式(1.1.1)准确无误,那么就可以根据参考目标 $r(t)$ 设计作用在小车上的控制量 $u(t)$,使得小车的实际位移 $x(t)$ 与 $r(t)$ 保持一致。但如果系统的输入输出模型不够准确,或者系统存在扰动,例如在上述例子中,如果有物体掉落在小车内使其质量发生改变,那么基于式(1.1.1)的开环控制器将无法提供准确的控制量 $u(t)$,也就无法保障系统输出与目标值 $r(t)$ 一致。在实际应用场景中,扰动无处不在,而且完美的数学模型几乎是不存在的,因此开环控制大多只能应用在简单的、对精度要求不高的场景中,例如传统的电风扇,打开开关之后就会一直转,不用去关心被吹物体的温度。

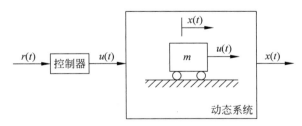

图 1.2.1　开环控制系统

如果希望精确地控制系统,则需要使用**闭环**(**Closed Loop**)控制系统,如图1.2.2所示,它与开环控制的最大区别是,在闭环控制中会测量系统的输出,并将其**反馈**(**Feedback**)到输入端与参考值进行比较。参考值与实际系统输出的差称为**误差**(**Error**),控制器将根据误差调整控制量。闭环控制系统可以实现高精度的控制,同时补偿由于外界扰动及系统建模不准确而引起的偏差。例如,空调系统会根据室内的实际测量温度调节出风口的风速和温度,智能手机会根据外界光强自动调节屏幕的亮度,这些都是闭环控制的例子。本书的重点就是分析闭环控制系统并设计控制器。

图 1.2.2 闭环控制系统

本书视频内容介绍请扫描二维码。

动态系统建模——传递函数

动态系统的分析和数学建模是分析系统及设计控制器的基础。本章将讨论经典控制理论的建模方法,即采用拉普拉斯变换和传递函数来描述系统。**本章的学习目标为:**

- 掌握线性时不变系统中输入与输出之间的卷积关系。
- 掌握建立动态系统微分方程的方法与流程,熟悉典型系统的微分方程。
- 理解在经典控制理论中引入拉普拉斯变换的意义和优点。
- 掌握拉普拉斯变换及其逆变换。
- 理解传递函数的概念和意义,掌握使用传递函数描述动态系统与控制系统的方法。

2.1 卷积与微分方程

2.1.1 卷积

研究动态系统的输入与输出之间的关系可以帮助我们了解动态系统的本质。对于线性时不变系统而言,其输入与输出之间是**卷积**(**Convolution**)关系,即系统的输入会对未来一段时间之内的系统输出产生影响。做一个直观的比喻,向平静的水中扔一颗石子,水面会产生涟漪。如果在第一次涟漪消失之前,向水中的同一位置再扔一颗石子,那么这两次产生的涟漪便会叠加在一起。在这个例子中,扔石子这个动作是系统的输入,产生的涟漪是系统的输出。因此,某个时刻的涟漪是前面几次石子入水后叠加的效果。这个叠加用数学语言表示即为卷积,下面将通过一个例子推导卷积的公式,一步步揭开卷积的面纱,从而了解动态系统的本质。

考虑一个在日常生活中最常见到的线性欠阻尼弹簧,如图 2.1.1(a)所示,弹簧力与压缩程度成正比(线性),而且不管在什么时间去压缩或者拉伸这个弹簧,它的动态特性都不变(时不变),因此这是一个线性时不变系统。定义系统的输出为弹簧位移 $x(t)$,向上为正方向,系统的输入为外力 $u(t)$。在没有外力的作用下,弹簧会静止在其平衡位置。如果对弹簧施加一个短暂的向上外力 $u(t)$,如图 2.1.1(b)所示,弹簧的位移 $x(t)$ 会不断地振动并衰减,最终回到平衡位置。

下面请读者思考一个问题,当系统的输入 $u(t)$ 连续不间断地作用在弹簧上时(如图 2.1.1(c)所示),弹簧的位移 $x(t)$ 将如何变化?

(a) 欠阻尼弹簧系统　　(b) 短暂的外力输入与其响应　　(c) 连续外力输入

图 2.1.1　欠阻尼弹簧系统的输入输出响应

　　这并不是一个很容易回答的问题，为了便于研究，首先将 $u(t)$ 近似地划分为三个离散型的输入 $u_0(t)$、$u_1(t)$ 和 $u_2(t)$，如图 2.1.2(a)所示的三个小区域块，其中每一块的宽度为 ΔT。

(a) 连续输入　　　　　　　　　　(b) 离散输入与其对应的输出

图 2.1.2　弹簧系统连续输入离散化及其响应

　　当这三个离散的输入分别作用在系统上时，其对应的输出是 $x_0(t)$、$x_1(t)$ 和 $x_2(t)$。因为这是一个线性时不变系统，所以三个输出的形状相同，它们之间只存在延迟和幅度上的差别，如图 2.1.2(b)所示。当这三个离散的输入接连作用在系统上时，系统的输出为

$$x(t) = x_0(t) + x_1(t) + x_2(t) \tag{2.1.1}$$

图 2.1.3 所示的虚线部分显示了这三个输出叠加后的系统输出结果。

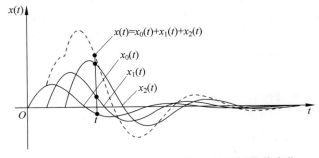

图 2.1.3　$x_0(t)$、$x_1(t)$、$x_2(t)$ 和 $x(t)$ 随时间的变化

　　上述例子直观地描述了离散系统输出叠加的概念。若要使用数学方法对其进行深入剖析，首先要得到 $u_0(t)$、$u_1(t)$ 和 $u_2(t)$ 以及 $x_0(t)$、$x_1(t)$ 和 $x_2(t)$ 的表达式，掌握这些信息后

便可以将其从离散形式推广到连续形式,得到 $u(t)$ 与 $x(t)$ 的关系。

为了找到输入 $u_0(t)$、$u_1(t)$ 和 $u_2(t)$ 的数学表达式,需要引入**单位冲激函数(Unit Impulse)**,又称**狄拉克函数(Dirac Delta)**,其定义为

$$\begin{cases} \delta(t)=0, & t\neq 0 \\ \int_{-\infty}^{\infty}\delta(t)\mathrm{d}t=1 \end{cases} \tag{2.1.2}$$

式(2.1.2)所描述的单位冲激函数是一个宽度为 0、面积为 1 的函数,这是一个纯数学函数,无法在现实生活中找到,但我们可以通过一个辅助函数来理解它。如图 2.1.4(a)所示的单位脉冲方波 $\delta_\Delta(t)$,它的宽度为 ΔT,长度为 $\frac{1}{\Delta T}$,面积为 $\Delta T \times \frac{1}{\Delta T}=1$,可以理解为它包含了 1 个单位面积的能量。想象从右边将这个方框压扁,但面积保持不变。当宽度 ΔT 不断缩小时,长度 $\frac{1}{\Delta T}$ 会不断变长,直到宽度为 0 时,$\lim_{\Delta T\to 0}\delta_\Delta(t)=\delta(t)$。

图 2.1.4 单位脉冲方波及其响应

当 $\delta_\Delta(t)$ 作用在上述弹簧系统上时,系统对其响应如图 2.1.4(b)所示,定义为 $h_\Delta(t)$。根据线性时不变系统的性质,如果系统的输入是 $A\delta_\Delta(t-T)$(它代表 A 倍单位面积的 $\delta_\Delta(t)$ 在延迟了 T 之后作用到系统中),则系统的输出是 $Ah_\Delta(t-T)$。

如图 2.1.5 所示,$u_0(t)$、$u_1(t)$ 和 $u_2(t)$ 中分别包含的面积为 A_0、A_1 和 A_2。以 A_2 为例,它的高是连续函数 $u(t)$ 在 $2\Delta T$ 时刻的值 $u(2\Delta T)$,宽是 ΔT,可得

$$A_2=u(2\Delta T)\Delta T \tag{2.1.3}$$

同时,$u_2(t)$ 作用在系统的时间延迟了 $2\Delta T$,因此

$$u_2(t)=u(2\Delta T)\Delta T\delta_\Delta(t-2\Delta T) \tag{2.1.4}$$

图 2.1.5 单位冲激函数和冲激响应

动态系统对于式(2.1.4)的响应为

$$x_2(t)=u(2\Delta T)\Delta Th_\Delta(t-2\Delta T) \tag{2.1.5}$$

式(2.1.5)说明 $x_2(t)$ 是扩大了 $A_2=u(2\Delta T)\Delta T$ 倍且延迟了 $2\Delta T$ 的响应 $h_\Delta(t)$。

同理,可以得到 $u_0(t)$ 和 $u_1(t)$ 及其对应的输出,分别为

$$
\begin{cases}
u_0(t) = u(0)\Delta T \delta_\Delta(t) \\
u_1(t) = u(\Delta T)\Delta T \delta_\Delta(t - \Delta T)
\end{cases}
\tag{2.1.6}
$$

$$
\begin{cases}
x_0(t) = u(0)\Delta T h_\Delta(t) \\
x_1(t) = u(\Delta T)\Delta T h_\Delta(t - \Delta T)
\end{cases}
\tag{2.1.7}
$$

将式(2.1.5)和式(2.1.7)代入式(2.1.1),得到

$$
x(t) = u(0)\Delta T h_\Delta(t) + u(\Delta T)\Delta T h_\Delta(t - \Delta T) + u(2\Delta T)\Delta T h_\Delta(t - 2\Delta T)
$$

即

$$
x(t) = \sum_{i=0}^{2} u(i\Delta T)\Delta T h_\Delta(t - i\Delta T)
\tag{2.1.8}
$$

现在将图 2.1.2(a)中的划分间隔 ΔT 缩小,将其划成$(n+1)$个小区域块,则式(2.1.8)可以写成

$$
x(t) = \sum_{i=0}^{n} u(i\Delta T)\Delta T h_\Delta(t - i\Delta T)
\tag{2.1.9}
$$

式(2.1.9)是**卷积**的离散表达形式。令 $\Delta T \to 0$,便可以得到卷积的连续表达形式。根据积分的定义,可得

$$
\begin{aligned}
x(t) &= \lim_{\Delta T \to 0} \sum_{i=0}^{n} u(i\Delta T)\Delta T h_\Delta(t - i\Delta T) \\
&= \int_0^t u(\tau)h(t - \tau)\mathrm{d}\tau = u(t) * h(t)
\end{aligned}
\tag{2.1.10}
$$

图 2.1.6　动态系统输入与输出的卷积关系

其中,$h(t)$是系统对于冲激函数 $\delta(t)$ 的**冲激响应**（**Impulse Response**）。式(2.1.10)可以用框图表示,如图 2.1.6 所示。

通过式(2.1.10)和图 2.1.6 可以得出,冲激响应 $h(t)$ 包含了线性时不变系统的全部特性。

关于这个性质,读者可以尝试做一个有趣的实验。首先寻找一个空旷的地方,例如操场或者礼堂。然后扎破一个气球或者用力拍手,要保证时间很短但能量很大,这样就制造了一个冲激输入。然后用麦克风录制下这个声音,得到这个地方的冲激响应。之后,可以把其他的声音和这个冲激响应做卷积运算,就可以模拟这个地方的混响了。有很多的公司都会在音乐厅最好的位置采集素材,合成到唱片当中,由此创造出一种身临其境的感觉。

卷积的应用视频请扫描此二维码观看。

2.1.2　常见动态系统微分方程举例

使用微分方程可以直接描述动态系统输入与输出之间的卷积关系。建立系统的微分方程,首先要分析系统的物理特性并列出方程组,之后消去中间的变量并将其写成标准形式。本节将讨论几个常见的动态系统并建立其微分方程。

例 2.1.1　体重变化。

先来看一个很多人感兴趣的例子——体重控制。人类体重的变化与热量吸收及消耗相

关。每日的饮食会带来热量摄入；同时，每天的呼吸、日常工作或者运动则会消耗热量。

根据热量的摄入与消耗，一个人体重变化的微分方程可以粗略表达为

$$\frac{\mathrm{d}m}{\mathrm{d}t} = \frac{E_i - E_e}{7000} \tag{2.1.11}$$

其中，m 表示体重；E_i 表示热量摄入，国际单位是 kJ。而一般情况下，与饮食、运动相关的热量常用单位是 kCal，即一千卡路里。热量的消耗用 E_e 来表示。因此，每日的净热量摄入等于 $E_i - E_e$，如图 2.1.7 所示。而净热量和体重的关系大概是 $7000\mathrm{kCal} \approx 1\mathrm{kg}$ 脂肪。可以认为，身体燃烧掉 7000kCal 可以消耗 1kg 脂肪。同理，摄入 7000kCal 则会增加 1kg 脂肪。

图 2.1.7 体重与热量

在式(2.1.11)中，热量摄入 E_i 来自饮食，属于相对独立的一个变量。而消耗 E_e 可以分为两部分，即

$$E_e = E_a + \alpha P \tag{2.1.12}$$

其中，E_a 是每日额外的运动消耗，如健身消耗；而 αP 表示日常消耗，α 是一个对应于不同劳动强度的系数，例如轻体力劳动者的 $\alpha = 1.3$，中体力劳动者的 $\alpha = 1.5$，重体力劳动者大概的 $\alpha = 1.9$。P 是**基础代谢率（Basal Metabolic Rate，BMR）**，有过健身经验的读者对这个名词应该不陌生。它的计算很复杂且因人而异。为简化运算，可以选用 Mifflin-St Jeor 公式来估算它，误差在 5% 左右，其表达式为

$$P = 10m + 6.25h - 5a + S \tag{2.1.13}$$

其中，h 表示身高，单位是 cm；a 表示年龄；S 是一个调整系数，它和性别相关（其中，男性：$S = 5$；女性：$S = -161$）。

通过式(2.1.13)可以得出，一个人的体重（m）越大，身高（h）越高，基础代谢率就会越高，因为大块头需要更多的能量来维持身体运行。而随着年龄（a）的增长，基础代谢率会逐渐下降，这也是人在年龄大了之后会更加不容易管控身材和体重的原因。另外，在同样的身高体重状态下，男性的基础代谢率大约要比女性高 166kCal，所以女性想要保持体型会比男性更加困难。

将式(2.1.12)和式(2.1.13)代入式(2.1.11)中并调整，可得

$$7000\frac{\mathrm{d}m}{\mathrm{d}t} + 10\alpha m = E_i - E_a - \alpha(6.25h - 5a + S) \tag{2.1.14}$$

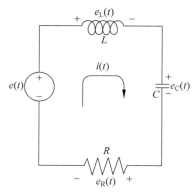

图 2.1.8 电阻电感电容电路

这是关于体重的一阶微分方程。式(2.1.14)表明身材管理也可以通过数学公式来分析。本书会在**第 7 章**中继续分析这个模型，并揭秘科学控制体重的方法。

例 2.1.2 电路系统。

图 2.1.8 所示为典型的电路网络系统，包含了电源 $e(t)$、电感 L、电容 C 和电阻 R。对于电路系统的数学建模，可以使用**基尔霍夫电压定律（Kirchhoff's Voltage Law）**：沿着闭合回路的所有电动势的代数和等于所有电压降的代数和。

具体步骤为沿着电流的参考方向（方向可以任意选

定,此例中选择顺时针方向),给每一个元器件上的电压标明正负号,在元器件内,电流从正极向负极流动,如图2.1.8所示。根据各个元器件特性,它们的电压分别为

$$\left.\begin{array}{l} 电感电压: e_L(t) = L\dfrac{di(t)}{dt} \\[2mm] 电容电压: e_C(t) = \dfrac{1}{C}\displaystyle\int_0^t i(t)dt \\[2mm] 电阻电压: e_R(t) = i(t)R \end{array}\right\} \tag{2.1.15}$$

以上三项电压与参考电流的方向一致,所以取正号。而电源电压 $e(t)$ 与参考电流方向相反,所以取负号。根据基尔霍夫电压定律,可得

$$e_L(t) + e_C(t) + e_R(t) - e(t) = 0 \tag{2.1.16}$$

将式(2.1.15)代入式(2.1.16),可得

$$L\frac{di(t)}{dt} + \frac{1}{C}\int_0^t i(t)dt + i(t)R - e(t) = 0 \tag{2.1.17}$$

等式两边同时对时间 t 求导,可以消除积分项 $\dfrac{1}{C}\displaystyle\int_0^t i(t)dt$,调整 $e(t)$ 的位置,可得

$$\frac{de(t)}{dt} = L\frac{d^2 i(t)}{dt^2} + R\frac{di(t)}{dt} + \frac{1}{C}i(t) \tag{2.1.18}$$

式(2.1.18)描述了电流 $i(t)$ 与电压 $e(t)$ 之间的关系,它是一个关于电流的二阶微分方程。

例 2.1.3　弹簧质量阻尼系统。

弹簧质量阻尼系统在工程中有很广泛的应用,绝大部分与振动相关的系统都可以简化成图2.1.9(a)的模式,如果把它竖起来就是四分之一个汽车悬挂系统。

(a) 弹簧质量阻尼系统示意图　　　　(b) 质量块受力分析

图 2.1.9　弹簧质量阻尼系统

对这一系统进行数学建模,首先要对质量块进行受力分析,如图 2.1.9(b)所示,令 $x(t)$ 表示质量块的位移并设向右为正方向,$x(t)=0$ 时代表了弹簧的自由状态,不压缩也不拉伸。它受到外力 $f(t)$、弹簧力 $f_k(t)$ 以及阻尼力 $f_b(t)$ 的共同作用。根据胡克定律,弹簧力为

$$f_k(t) = -kx(t) \tag{2.1.19}$$

其中,k 表示弹簧的弹性系数。弹簧力和位移成正比,因为其方向与位移 $x(t)$ 相反,所以取负号。

阻尼力为

$$f_b(t) = -b\frac{dx(t)}{dt} \tag{2.1.20}$$

其中,b 表示阻尼系数。式(2.1.20)说明阻尼力与物体的移动速度(位移对时间的一次导数)成正比且方向与移动方向相反。

读者可以通过一个小实验感受阻尼力与速度的关系：接一盆水，然后将手放入水中滑动，你会发现滑动速度越快，感受到的阻力就会越大。反之，缓慢地将手从水中拂过，则不会感受到很大的阻力。

根据牛顿第二定律，$m\dfrac{\mathrm{d}^2 x(t)}{\mathrm{d}t^2}=f(t)+f_k(t)+f_b(t)$，将式(2.1.19)和式(2.1.20)代入并整理即可得到位移的二阶微分方程，即

$$m\frac{\mathrm{d}^2 x(t)}{\mathrm{d}t^2}+b\frac{\mathrm{d}x(t)}{\mathrm{d}t}+kx(t)=f(t) \tag{2.1.21}$$

式(2.1.21)是振动系统的基本形式。这个例子会多次出现在本书后面章节的分析当中。

2.2　拉普拉斯变换

本节将介绍**拉普拉斯变换**（**Laplace Transform**），它是经典控制理论中重要的数学工具。拉普拉斯变换广泛地应用于工程分析当中。它可以把一个时域上的函数 $f(t)$ 转换成一个复数域上的函数 $F(s)$，从而简化系统分析的难度。

2.2.1　拉普拉斯变换的定义

以图 2.2.1(a)所示的电路系统为例，电流的动态微分方程为

$$e(t)=L\frac{\mathrm{d}i(t)}{\mathrm{d}t}+Ri(t) \tag{2.2.1}$$

其中，$e(t)$ 表示电压，$i(t)$ 表示电流，L 表示电感，R 表示电阻。

(a) 电感电阻网络图　　　　(b) 系统框图

图 2.2.1　电感电阻系统

定义此动态系统的输入为电压 $u(t)=e(t)$，输出为电流 $x(t)=i(t)$，则式(2.2.1)可以写成

$$u(t)=L\frac{\mathrm{d}x(t)}{\mathrm{d}t}+Rx(t) \tag{2.2.2}$$

式(2.2.2)可以用图 2.2.1(b)所示的框图描述。其中，在系统的输入与输出中间有一个转化过程，设为 $g(t)$。$g(t)$ 就是系统的单位冲激响应 $h(t)$（$g(t)=h(t)$）。系统的输入 $u(t)$、

输出 $x(t)$ 与 $g(t)$ 之间是卷积运算的关系,即

$$x(t)=u(t)*g(t)=\int_0^t u(\tau)g(t-\tau)\mathrm{d}\tau \qquad (2.2.3)$$

若要分析系统的输出 $x(t)$,就需要分析卷积 $u(t)*g(t)$,或者求解微分方程。观察式(2.2.2)和式(2.2.3),直接求解它们的过程会非常复杂,尤其是处理复杂系统的时候。正是因为如此,在经典控制理论当中,一个强大的数学工具被引入进行辅助分析,这个数学工具就是**拉普拉斯变换**。通过拉普拉斯变换,系统的微分方程将转化为代数方程,卷积运算则会变为乘法运算。现在,让我们暂时抛开上面的例子,先来讨论拉普拉斯变换的定义,等到2.3节再重新分析此例。

对一个函数 $f(t)$ 做拉普拉斯变换,可以将其从时域(t)转换到复数域(s),它的定义为

$$\mathcal{L}[f(t)]=F(s)=\int_0^\infty f(t)\mathrm{e}^{-st}\,\mathrm{d}t \qquad (2.2.4)$$

其中,$s=\sigma+\mathrm{j}\omega$,是一个复数。

式(2.2.4)中积分下限从 0 开始。从控制工程的角度来讲,不需要去研究时间 0 点以前的事情,而是把这部分留给哲学家。考虑一个特例,当 $\sigma=0$ 的时候,拉普拉斯变换变成了 $F(s)=F(\mathrm{j}\omega)=\int_0^\infty f(t)\mathrm{e}^{-\mathrm{j}\omega t}\,\mathrm{d}t$。这是函数 $f(t)$ 的傅里叶变换。因此,傅里叶变换是拉普拉斯变换的一种特殊情况。关于傅里叶级数和傅里叶变换的推导,读者可以参考**附录 B**。

下面请看几个拉普拉斯变换的例子。

例 2.2.1 $\mathcal{L}[\mathrm{e}^{-at}]=\dfrac{1}{s+a}$。

证:

$$\mathcal{L}[\mathrm{e}^{-at}]=\int_0^\infty \mathrm{e}^{-at}\mathrm{e}^{-st}\,\mathrm{d}t=\int_0^\infty \mathrm{e}^{-(a+s)t}\,\mathrm{d}t$$

$$=-\frac{1}{s+a}\mathrm{e}^{-(a+s)t}\Big|_0^\infty$$

$$=-\frac{1}{s+a}\lim_{t\to\infty}(\mathrm{e}^{-(a+s)t})-\left(-\frac{1}{s+a}\mathrm{e}^0\right)$$

$$=\frac{1}{s+a} \qquad (2.2.5)$$

例 2.2.2 $\mathcal{L}[af(t)+bg(t)]=aF(s)+bG(s)$,其中,$a$、$b$ 为常数。

证:略,可用积分基本规则证明。这是拉普拉斯变换的**线性叠加性质**,说明拉普拉斯变换是线性变换。

例 2.2.3 $\mathcal{L}[\sin at]=\dfrac{a}{s^2+a^2}$。

证:根据欧拉公式

$$\mathrm{e}^{\mathrm{j}at}=\cos at+\mathrm{j}\sin at \qquad (2.2.6a)$$

$$\mathrm{e}^{-\mathrm{j}at}=\cos at-\mathrm{j}\sin at \qquad (2.2.6b)$$

式(2.2.6a)减式(2.2.6b),得到

$$e^{jat} - e^{-jat} = 2j\sin at$$

$$\Rightarrow \sin at = \frac{e^{jat} - e^{-jat}}{2j} \tag{2.2.7}$$

根据例 2.2.2 的线性叠加性质，与例 2.2.1 所求指数函数的拉普拉斯变换，可得

$$\mathcal{L}[\sin at] = \mathcal{L}\left[\frac{e^{jat} - e^{-jat}}{2j}\right]$$

$$= \frac{1}{2j}(\mathcal{L}[e^{jat}] - \mathcal{L}[e^{-jat}])$$

$$= \frac{1}{2j}\left(\frac{1}{s - aj} - \frac{1}{s + aj}\right) = \frac{1}{2j}\left(\frac{s + aj}{s^2 + a^2} - \frac{s - aj}{s^2 + a^2}\right)$$

$$= \frac{1}{2j}\left(\frac{2aj}{s^2 + a^2}\right)$$

$$= \frac{a}{s^2 + a^2} \tag{2.2.8}$$

例 2.2.4 $\mathcal{L}\left[\dfrac{\mathrm{d}f(t)}{\mathrm{d}t}\right] = sF(s) - f(0)$。

证：

$$\mathcal{L}\left[\frac{\mathrm{d}f(t)}{\mathrm{d}t}\right] = \int_0^\infty \frac{\mathrm{d}f(t)}{\mathrm{d}t}e^{-st}\,\mathrm{d}t = f(t)e^{-st}\Big|_0^\infty - \int_0^\infty f(t)(-se^{-st})\,\mathrm{d}t$$

$$= \lim_{t\to\infty} f(t)e^{-st} - f(0)e^0 + s\int_0^\infty f(t)e^{-st}\,\mathrm{d}t$$

$$= sF(s) - f(0) \tag{2.2.9}$$

其中，$f(0)$ 是函数的**初始条件**（**Initial Condition**）。

例 2.2.5 $\mathcal{L}[f(t) * g(t)] = F(s)G(s)$。

证：

$$\mathcal{L}[f(t) * g(t)] = \int_0^\infty f(t) * g(t)e^{-st}\,\mathrm{d}t$$

$$= \int_0^\infty \int_0^t f(\tau)g(t - \tau)\,\mathrm{d}\tau\, e^{-st}\,\mathrm{d}t \tag{2.2.10a}$$

这是一个二重积分，可以通过交换积分顺序与上下限的方式来进行化简。交换之后，式（2.2.10a）可以写成

$$\int_0^\infty \int_0^t f(\tau)g(t - \tau)\,\mathrm{d}\tau\, e^{-st}\,\mathrm{d}t = \int_0^\infty \int_\tau^\infty f(\tau)g(t - \tau)e^{-st}\,\mathrm{d}t\,\mathrm{d}\tau \tag{2.2.10b}$$

对式（2.2.10b）里面的积分 $\displaystyle\int_\tau^\infty f(\tau)g(t - \tau)e^{-st}\,\mathrm{d}t$ 项使用换元法，令 $t - \tau = u$，可得

$$t = u + \tau$$

$$\Rightarrow \mathrm{d}t = \mathrm{d}u + \mathrm{d}\tau = \mathrm{d}u$$

$$\Rightarrow \int_\tau^\infty f(\tau)g(t - \tau)e^{-st}\,\mathrm{d}t = \int_0^\infty f(\tau)g(u)e^{-s(u+\tau)}\,\mathrm{d}u \tag{2.2.11}$$

将式（2.2.11）代入式（2.2.10b），得到

$$\int_0^\infty \int_\tau^\infty f(\tau)g(t - \tau)e^{-st}\,\mathrm{d}t\,\mathrm{d}\tau = \int_0^\infty \int_0^\infty f(\tau)g(u)e^{-s(u+\tau)}\,\mathrm{d}u\,\mathrm{d}\tau$$

$$= \int_0^\infty f(\tau) e^{-s\tau} d\tau \int_0^\infty g(u) e^{-su} du = F(s)G(s) \tag{2.2.12}$$

式(2.2.12)说明通过拉普拉斯变换后,复杂的卷积运算变成了简单的乘法运算。

表 2.2.1 列出了常见的拉普拉斯变换公式。

表 2.2.1 常见的拉普拉斯变换公式

原 函 数 $f(t)=\mathcal{L}^{-1}[F(s)]$	拉普拉斯变换 $F(s)=\mathcal{L}[f(t)]$	收 敛 域
$\delta(t)$	1	$\infty > s > -\infty$
1	$\dfrac{1}{s}$	$s>0$
e^{-at}	$\dfrac{1}{s+a}$	$s>-a$
$\sin(at)$	$\dfrac{a}{s^2+a^2}$	$s>0$
$\cos(at)$	$\dfrac{s}{s^2+a^2}$	$s>0$
$\sinh(at)$	$\dfrac{a}{s^2-a^2}$	$s>|a|$
$\cosh(at)$	$\dfrac{s}{s^2-a^2}$	$s>|a|$
$e^{at}\sin(bt)$	$\dfrac{b}{(s-a)^2+b^2}$	$s>a$
$e^{at}\cos(bt)$	$\dfrac{s-a}{(s-a)^2+b^2}$	$s>a$
$e^{at}\sinh(bt)$	$\dfrac{b}{(s-a)^2-b^2}$	$s-a>|b|$
$e^{at}\cosh(bt)$	$\dfrac{s-a}{(s-a)^2-b^2}$	$s-a>|b|$

2.2.2 拉普拉斯变换的收敛域

重新分析例 2.2.1,$\mathcal{L}[e^{-at}] = \int_0^\infty e^{-at} e^{-st} dt = \dfrac{1}{s+a}$。在求它的拉普拉斯变换时,需要假设这个积分是收敛的。

可以举一个反例,例如选取 $s=-2a$,且 $a>0$,这时积分可写成

$$F(s) = \mathcal{L}[e^{-at}] = \int_0^{+\infty} e^{-at} e^{-(-2a)t} dt = \int_0^\infty e^{at} dt \tag{2.2.13}$$

当 $a>0$ 时,e^{at} 随着时间的增加会趋于无穷。显然,式(2.2.13)的积分不存在(无穷大)。所以求它的拉普拉斯变换,就需要对变量 s 加一个限制条件。而这个限制条件称为拉普拉斯变换的**收敛域**(**Region of Convergence,ROC**)。

将 $s=\sigma+j\omega$ 代入式(2.2.13),得到

$$F(s) = \int_0^{+\infty} e^{-at} e^{-(\sigma+j\omega)t} dt = \int_0^{+\infty} e^{-(a+\sigma)t} e^{-j\omega t} dt \tag{2.2.14}$$

式(2.2.14)中的积分由两部分相乘而得,首先看 $e^{-j\omega t}$ 这一项,它是一个复数。根据欧拉公式,$e^{-j\omega t} = \cos\omega t - j\sin\omega t$。$e^{-j\omega t}$ 在复平面中的表达如图 2.2.2 所示,随着 t 的增加,它在复平面上会沿着一个圆做顺时针运动,而它的幅值 $|e^{-j\omega t}|$ 是恒定不变的:$|e^{-j\omega t}| = \cos^2\omega t + \sin^2\omega t = 1$。所以,用它乘以 $e^{-(a+\sigma)t}$ 这一项并不会对积分的收敛产生影响。这也很好理解,根据欧拉公式,$e^{-j\omega t}$ 仅仅引入了正弦和余弦函数(引入了振动),而振动会有正有负,不会在单一的方向增加或者减少。因此,分析积分是否收敛需要看式(2.2.14)积分中前面的一项,即 $e^{-(a+\sigma)t}$。若要求这部分收敛,显而易见,e 的指数部分要小于 0,即

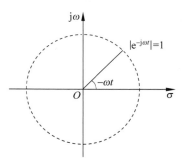

图 2.2.2 $e^{-j\omega t}$ 的复平面表达

$$-(a+\sigma) < 0 \Rightarrow \sigma > -a \qquad (2.2.15)$$

所以,$\sigma > -a$ 是 $\mathcal{L}[e^{-at}] = \dfrac{1}{s+a}$ 的收敛域。其他常见拉普拉斯变换的收敛域请参考表 2.2.1。

2.2.3 拉普拉斯逆变换

本节将介绍**拉普拉斯的逆变换(Inverse Laplace Transform)**,它是反向使用拉普拉斯变换,将 $F(s)$ 变回时域函数 $f(t)$,即

$$f(t) = \mathcal{L}^{-1}[F(s)] \qquad (2.2.16)$$

请看下面的例子。

例 2.2.6 已知 $F(s) = \dfrac{-s+5}{s^2+5s+4}$,求 $f(t)$。

解:

$$F(s) = \frac{-s+5}{s^2+5s+4} = \frac{-s+5}{(s+4)(s+1)} = \frac{A}{s+4} + \frac{B}{s+1} \qquad (2.2.17)$$

此时可以用分式分解法求解 A 和 B。根据式(2.2.17)可得

$$A(s+1) + B(s+4) = -s+5 \qquad (2.2.18)$$

令 $s = -1$,可得

$$B(-1+4) = 1+5$$
$$\Rightarrow B = 2 \qquad (2.2.19)$$

令 $s = -4$,可得

$$-3A = 9$$
$$\Rightarrow A = -3 \qquad (2.2.20)$$

所以

$$F(s) = \frac{-3}{s+4} + \frac{2}{s+1} \qquad (2.2.21)$$

根据例 2.2.1:$\mathcal{L}^{-1}\left[\dfrac{1}{s+a}\right] = e^{-at}$,可得

$$f(t) = \mathcal{L}^{-1}[F(s)] = \mathcal{L}^{-1}\left[\frac{-3}{s+4} + \frac{2}{s+1}\right] = -3e^{-4t} + 2e^{-t} \qquad (2.2.22)$$

在式(2.2.21)中,如果令 $F(s)$ 的分母部分等于 0,即 $\begin{cases} s+4=0 \\ s+1=0 \end{cases}$,可以得到 s 的两个解:

$\begin{cases} s_1=-4 \\ s_2=-1 \end{cases}$。再去对比式(2.2.22)可以发现,$s_1$ 与 s_2 出现在了时间函数 $f(t)$ 的指数部分。因为它们两个都是负值,所以决定了 $f(t)$ 随着时间 t 的增加而不断地减小,最终变为 0。而一旦 s_1 或者 s_2 里面有一个为正值,$f(t)$ 则会随着时间的增加而趋于无穷大。

例 2.2.7 已知 $F(s)=\dfrac{4s+8}{s^2+2s+5}$,求 $f(t)$。

解:

$$
\begin{aligned}
F(s) &= \frac{4s+8}{s^2+2s+5} = \frac{4s+8}{(s+1+2\mathrm{j})(s+1-2\mathrm{j})} \\
&= \frac{A}{(s+1+2\mathrm{j})} + \frac{B}{(s+1-2\mathrm{j})}
\end{aligned}
\tag{2.2.23}
$$

利用分式分解法可得

$$
\begin{cases} A=\mathrm{j}+2 \\ B=-\mathrm{j}+2 \end{cases}
\tag{2.2.24}
$$

可以得到

$$
\begin{aligned}
f(t) &= \mathcal{L}^{-1}[F(s)] = (\mathrm{j}+2)\mathrm{e}^{(-1-2\mathrm{j})t} + (-\mathrm{j}+2)\mathrm{e}^{(-1+2\mathrm{j})t} \\
&= \mathrm{e}^{-t}(\mathrm{j}\mathrm{e}^{-2\mathrm{j}t} + 2\mathrm{e}^{-2\mathrm{j}t} - \mathrm{j}\mathrm{e}^{2\mathrm{j}t} + 2\mathrm{e}^{2\mathrm{j}t}) \\
&= \mathrm{e}^{-t}(\mathrm{j}(\mathrm{e}^{-2\mathrm{j}t} - \mathrm{e}^{2\mathrm{j}t}) + 2(\mathrm{e}^{-2\mathrm{j}t} + \mathrm{e}^{2\mathrm{j}t})) \\
&= \mathrm{e}^{-t}(2\sin 2t + 4\cos 2t)
\end{aligned}
\tag{2.2.25}
$$

在例 2.2.7 中,$F(s)$ 分母部分为零时,得到:$s_1=-1-2\mathrm{j}$ 和 $s_2=-1+2\mathrm{j}$ 出现在了 $f(t)$ 的指数部分。因为它们是复数,根据欧拉公式,复数将引入正弦(余弦)函数,带来了振动。这说明,当一个函数 $f(t)$ 经过拉普拉斯变换之后,如果 $F(s)$ 分母部分的根存在虚部,那么 $f(t)$ 就会存在振动。例 2.2.6 和例 2.2.7 说明,通过分析 $F(s)$ 的根可以了解原函数 $f(t)$ 的时间表现。

2.3　传递函数和系统设计

2.3.1　传递函数

本节将介绍**传递函数**(**Transfer Function**),它是经典控制理论的基础。系统的传递函数 $G(s)$ 的定义是:在零初始条件下,系统输出的拉普拉斯变换与系统输入的拉普拉斯变换之间的比值,即

$$
G(s)=\frac{X(s)}{U(s)}
\tag{2.3.1}
$$

式(2.3.1)所示系统可以用框图表示,如图 2.3.1 所示,其中,$U(s)G(s)=X(s)$。

根据表 2.2.1,单位冲激函数 $\delta(t)$ 的拉普拉斯变换 $\mathcal{L}[\delta(t)]=1$,系统对其响应为

$$X(s) = \mathcal{L}[\delta(t)]G(s) = G(s) \qquad (2.3.2)$$

式(2.3.2)说明,当单位冲激函数作用在线性时不变系统上时,其输出(即系统的单位冲激响应)等于传递函数本身。

图 2.3.1　动态系统框图

> 式(2.3.2)从另一个角度验证了 2.1.1 节中提出的重要概念:单位冲激响应可以完全地定义线性时不变系统。同时,根据例 2.2.5,卷积运算通过拉普拉斯变换成为乘法运算,这也符合式(2.3.1)所表达出来的输入与输出之间的乘积关系。希望读者可以把这几部分内容结合起来理解,从不同的角度理解线性时不变系统的特性。

经过拉普拉斯变换后,卷积关系的系统输入与输出 $x(t) = u(t) * h(t)$ 被简化为乘积关系 $X(s) = U(s)G(s)$,这将在很大程度上简化系统分析的复杂程度。回到图 2.2.1 的例子,首先对式(2.2.2)左右两边进行拉普拉斯变换,得到

$$\mathcal{L}[u(t)] = \mathcal{L}\left[L\frac{\mathrm{d}x(t)}{\mathrm{d}t} + Rx(t)\right]$$

$$\Rightarrow U(s) = L(sX(s) - x(0)) + RX(s) \qquad (2.3.3a)$$

其中,L 是电感,R 是电阻,它们都是正数。考虑零初始状态,即系统输出 $x(t)$ 的初始状态为 $x(0) = 0$,式(2.3.3a)可写成

$$U(s) = LsX(s) + RX(s) = (Ls + R)X(s) \qquad (2.3.3b)$$

其传递函数为

$$G(s) = \frac{X(s)}{U(s)} = \frac{1}{Ls + R} \qquad (2.3.4)$$

当一个常数输入 $u(t) = C$ 作用在系统上时,其拉普拉斯变换为

$$U(s) = \mathcal{L}[u(t)] = \mathcal{L}[C] = \mathcal{L}[Ce^{-0t}] = C\frac{1}{s+0} = C\frac{1}{s} \qquad (2.3.5)$$

将式(2.3.5)代入式(2.3.4)中,可以得到系统输出的拉普拉斯变换为

$$X(s) = U(s)G(s) = C\left(\frac{1}{s}\right)\left(\frac{1}{Ls + R}\right) = \frac{C}{L}\frac{1}{s\left(s + \dfrac{R}{L}\right)} \qquad (2.3.6)$$

若要分析这一系统输出的时间函数 $x(t)$ 的表现,可以采用 2.2.3 节中的方法求解其拉普拉斯逆变换。式(2.3.6)可以写为

$$X(s) = \frac{C}{L}\frac{1}{s\left(s + \dfrac{R}{L}\right)} = \frac{C}{L}\left(\frac{A}{s} + \frac{B}{s + \dfrac{R}{L}}\right) \qquad (2.3.7)$$

利用分式分解法可得 $A = \dfrac{L}{R}$,$B = -\dfrac{L}{R}$,代入式(2.3.7)中,得到

$$X(s) = \frac{C}{L}\left(\frac{\dfrac{L}{R}}{s} - \frac{\dfrac{L}{R}}{s + \dfrac{R}{L}}\right) = \frac{C}{R}\left(\frac{1}{s} - \frac{1}{s + \dfrac{R}{L}}\right) \qquad (2.3.8)$$

对式(2.3.8)两边进行拉普拉斯逆变换,便可以得到系统的输出,即

$$x(t) = \mathcal{L}^{-1}[X(s)] = \frac{C}{R}(\mathrm{e}^{0t} - \mathrm{e}^{-\frac{R}{L}t}) = \frac{C}{R} - \frac{C}{R}\mathrm{e}^{-\frac{R}{L}t} \qquad (2.3.9)$$

$x(t)$ 随时间的变化如图 2.3.2 所示。从图中可以得出,系统的输出将从 0 开始,随着时间的增加而无限地接近一个定值 $\frac{C}{R}$。

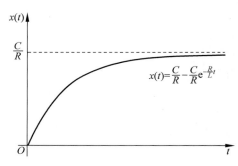

图 2.3.2 系统输出 $x(t) = \frac{C}{R} - \frac{C}{R}\mathrm{e}^{-\frac{R}{L}t}$ 随时间变化

式(2.3.9)中,$x(t)$ 由两项相减组合而成,分别是 $\frac{C}{R}\mathrm{e}^{0t}$ 和 $\frac{C}{R}\mathrm{e}^{-\frac{R}{L}t}$,第一项中 e 的指数部分系数是 0,因此 $\frac{C}{R}\mathrm{e}^{0t}$ 等于常数 $\frac{C}{R}$;而第二项中指数部分系数为 $-\frac{R}{L} < 0$,表明项 $\frac{C}{R}\mathrm{e}^{-\frac{R}{L}t}$ 会随着时间的增加而不断地衰减,直到为 0。所以,系统输出 $x(t)$ 是有界限的,并且随着时间的增加而趋向于常数 $\frac{C}{R}$。在式(2.3.6)中,当系统输出 $X(s)$ 的分母部分等于 0 时,可以得到

$$s\left(s + \frac{R}{L}\right) = 0 \Rightarrow \begin{cases} s_{p1} = 0 \\ s_{p2} = -\dfrac{R}{L} \end{cases} \qquad (2.3.10)$$

s_{p1} 和 s_{p2} 被称为系统输出的**极点**(**Poles**),其中,s_{p1} 是输入 $U(s) = C\dfrac{1}{s}$ 引入的极点。$s_{p2} = -\dfrac{R}{L}$ 则是**传递函数的极点**,这是动态系统自身的极点,体现了动态系统的特性,它可以直接通过传递函数的**特征方程**(**Characteristic Equation**),即令 $G(s)$ 的分母部分为 0($Ls + R = 0$)得到。

在此例中,$s_{p1} = 0$,而 $s_{p2} = -\dfrac{R}{L} < 0$,所以输出 $x(t)$ 将会趋于一个常数。以上的分析说明,在得到系统的传递函数之后,便可以通过简单的代数计算得到系统输出的极点,并以此为依据快速判断系统的表现。也就是说,在得到式(2.3.6)之后就可以判断系统的表现了,这省去了大量的中间过程,并且避免了求解微分方程和卷积的麻烦。

2.3.2 控制系统传递函数

在掌握了动态系统的传递函数 $G(s)$ 之后,便可以着手设计控制器来调节该动态系统的

输出响应。如图 2.3.3 所示的**开环控制系统**（**Open Loop Control System**）：其中 $R(s)$ 是**参考值**（**Reference**）或目标值，$C(s)$ 是控制器，原动态系统的传递函数 $G(s)$ 被称为控制系统的**开环传递函数**（**Open Loop Transfer Function**）。控制量是 $U(s)$，也就是原动态系统的输入。控制系统的输出等于原动态系统的输出 $X(s)$。

图 2.3.3　开环控制系统框图

控制系统本质上也是一个动态系统，从参考值 $R(s)$（它同时也是该控制系统的输入，又称参考输入）到系统输出 $X(s)$ 是串联的结构，即

$$X(s) = U(s)G(s) = R(s)C(s)G(s) \tag{2.3.11}$$

其中，控制量 $U(s) = R(s)C(s)$，说明系统的输出 $X(s)$ 对控制量 $U(s)$ 没有影响，这也是开环系统的特点。

若将输出 $X(s)$ 反馈到输入端，则可以形成一个闭环控制系统，如图 2.3.4 所示。其中，参考值与输出之间的差称为**误差**（**Error**），$E(s) = R(s) - X(s)$，其对应的时间函数是 $e(t) = r(t) - x(t)$，控制器 $C(s)$ 将根据误差决定控制量 $U(s)$。

图 2.3.4　闭环控制系统框图

根据传递函数的代数性质，可得

$$X(s) = U(s)G(s) = E(s)C(s)G(s) \tag{2.3.12}$$

将 $E(s) = R(s) - X(s)$ 代入式 (2.3.12) 中，可得

$$X(s) = (R(s) - X(s))C(s)G(s)$$

$$\Rightarrow (1 + C(s)G(s))X(s) = C(s)G(s)R(s)$$

$$\Rightarrow X(s) = \frac{C(s)G(s)R(s)}{1 + C(s)G(s)} \tag{2.3.13}$$

定义控制系统的**闭环传递函数**（**Closed Loop Transfer Function**）为

$$G_{cl}(s) = \frac{X(s)}{R(s)} = \frac{C(s)G(s)}{1 + C(s)G(s)} \tag{2.3.14}$$

由此可以得到一个简化后的闭环控制系统框图，如图 2.3.5 所示。

图 2.3.5 所描述的控制系统输入是参考输入 $R(s)$，输出是 $X(s)$。

$$\frac{R(s) \longrightarrow \boxed{G_{cl}(s) = \dfrac{C(s)G(s)}{1 + C(s)G(s)}} \longrightarrow X(s)}{}$$

图 2.3.5　简化后的闭环控制系统框图

传递函数系统建模内容请扫描此二维码观看。

2.4　非零初始状态下的传递函数

在传递函数的定义中有一个先决条件,即零初始条件。但在实际情况中,往往需要处理非零初始状态的系统。本节将对此内容进行简单的探讨,考虑一个一阶微分方程:

$$\frac{\mathrm{d}x(t)}{\mathrm{d}t} + ax(t) = u(t) \tag{2.4.1}$$

对式(2.4.1)两边进行拉普拉斯变换,根据例2.2.4,可得

$$\mathcal{L}\left[\frac{\mathrm{d}x(t)}{\mathrm{d}t} + ax(t)\right] = \mathcal{L}[u(t)]$$

$$sX(s) - x(0) + aX(s) = U(s) \tag{2.4.2}$$

在零初始条件下($x(0)=0$),式(2.4.2)可写成 $sX(s)+aX(s)=U(s)$,系统的传递函数是

$$G(s) = \frac{X(s)}{U(s)} = \frac{1}{s+a} \tag{2.4.3}$$

而当 $x(0) \neq 0$ 时,式(2.4.2)可以写成

$$sX(s) + aX(s) = U(s) + x(0) \tag{2.4.4}$$

此时定义新的系统输入:$U_1(s)=U(s)+x(0)$,代入式(2.4.4)中,得到

$$G(s) = \frac{X(s)}{U_1(s)} = \frac{1}{s+a} \tag{2.4.5}$$

式(2.4.3)和式(2.4.5)的系统框图如图2.4.1所示。可见这两个系统的传递函数是相同的,其中非零初始条件系统多出一个输入,而这个输入的拉普拉斯变换等于其初始条件 $x(0)$。对它进行拉普拉斯逆变换可以得到其原函数,即

$$\mathcal{L}^{-1}[x(0)] = x(0)\delta(t) \tag{2.4.6}$$

其中,$\delta(t)$ 是单位冲激函数,在2.1.1节介绍过,可以把它理解为在很短的时间内释放出的一个单位的能量。将它乘以一个系数 $x(0)$,则相当于在一瞬间对系统施加了 $x(0)$ 个单位的能量(系统的输出也将叠加 $x(0)h(t)$)。因为这个能量是瞬间的,并不持续,所以它不会影响到系统的稳定性分析与特征分析。高阶系统的非零初始条件的分析则比较复杂,但是其理念与一阶系统相同,系统的初始状态可以理解为瞬时间赋予系统的"能量"。

$$U(s) \longrightarrow \boxed{G(s)=\frac{1}{s+a}} \longrightarrow X(s) \qquad \begin{matrix} U(s) \\ \searrow \\ \boxed{G(s)=\frac{1}{s+a}} \longrightarrow X(s) \\ \nearrow \\ x(0) \end{matrix}$$

(a) 零初始条件系统框图　　　　　(b) 非零初始条件系统框图

图 2.4.1　零初始条件和非零初始条件系统框图

2.5　本章要点总结

- **卷积与微分方程:**
  - 线性时不变系统的输出与输入之间是卷积的关系。

- ○ 单位冲激响应可以完整地描述线性时不变系统。
- ○ 微分方程可以直接描述系统输入与输出之间的卷积关系。
- • **拉普拉斯变换：**
  - ○ 拉普拉斯变换是线性变换，符合叠加原理。
  - ○ 卷积的拉普拉斯变换是乘法运算，这是重要的性质，它可以简化系统的分析。
  - ○ 利用拉普拉斯逆变换可以方便地求解微分方程。
- • **传递函数：**
  - ○ 传递函数的定义：在零初始条件下，系统输出的拉普拉斯变换与系统输入的拉普拉斯变换之间的比值。
  - ○ 传递函数的极点：令系统的传递函数分母等于 0 时的 s 值。它将决定系统的表现。
  - ○ 非零初始状态：在时间零点赋予系统"能量"，使得系统达到初始状态。

动态系统建模——状态空间方程

本章将介绍使用**状态空间方程**（State Space Model）描述系统数学模型的方法。状态空间方程是现代控制理论的基础，它以矩阵的形式表达系统状态变量、输入及输出之间的关系。它可以描述和处理**多输入多输出**（Multiple Input Multiple Output，MIMO）的系统。目前流行的一些算法，如模型预测控制、卡尔曼滤波器及最优化控制，都是在状态空间方程的表达形式基础上发展而来的。**本章的学习目标为：**

- 掌握使用状态空间方程建立动态系统数学模型的流程。
- 理解状态空间方程与传递函数的关系。
- 掌握使用矩阵的特征值与特征向量解耦动态系统的方法。
- 掌握一维与二维相平面、相轨迹的绘制方法。
- 熟练使用相平面、相轨迹的方法分析动态系统平衡点的类型。
- 理解动态系统平衡点类型与状态矩阵特征值之间的关系。

3.1 状态空间方程

3.1.1 状态空间方程表达式

从一个例子入手分析，如图 3.1.1(a)所示的弹簧质量阻尼系统，在 2.1.2 节中曾经分析过，它的动态微分方程为

$$m\,\frac{\mathrm{d}^2 x(t)}{\mathrm{d}t^2} + b\,\frac{\mathrm{d}x(t)}{\mathrm{d}t} + kx(t) = f(t) \tag{3.1.1}$$

其中，$x(t)$ 是位移，方向向右；m 是质量；b 是阻尼系数；k 是弹簧系数；$f(t)$ 是外力。

(a) 弹簧质量阻尼系统示意图   (b) 系统框图

图 3.1.1 弹簧质量阻尼系统与框图

令此系统的输入等于外力，即 $u(t)=f(t)$，系统的输出等于位移，即 $y(t)=x(t)$。第 2 章介绍了经典控制理论中使用传递函数来描述系统的方法，对式(3.1.1)等号两边分别进行

拉普拉斯变换,并将 $u(t)=f(t)$、$y(t)=x(t)$ 代入进行调整,同时假设零初始条件 $x(0)=\dfrac{\mathrm{d}x(t)}{\mathrm{d}t}\Big|_{t=0}=0$,可以得到系统的传递函数为

$$G(s)=\frac{Y(s)}{U(s)}=\frac{1}{ms^2+bs+k} \tag{3.1.2}$$

式(3.1.2)所对应的系统框图如图 3.1.1(b)所示。

对于同样的系统,在现代控制理论中则会使用状态空间方程的表达方式。状态空间方程是一个集合,它包含了系统的输入、输出及状态变量,并把它们用一系列的一阶微分方程表达出来。对于本例中的二阶系统,为了将其写成状态空间方程,需要选取合适的**状态变量**(**State Variables**),才能使二阶系统转化为一系列的一阶系统。根据这个要求,选取两个状态变量 $z_1(t)$ 和 $z_2(t)$,其中

$$z_1(t)=x(t) \tag{3.1.3}$$

$$z_2(t)=\frac{\mathrm{d}z_1(t)}{\mathrm{d}t}=\frac{\mathrm{d}x(t)}{\mathrm{d}t} \tag{3.1.4}$$

根据式(3.1.4),取 $z_2(t)$ 对时间的导数,并将式(3.1.1)和 $u(t)=f(t)$ 代入其中,可得

$$\frac{\mathrm{d}z_2(t)}{\mathrm{d}t}=\frac{\mathrm{d}^2x(t)}{\mathrm{d}t^2}=\frac{1}{m}\left(f(t)-b\frac{\mathrm{d}x(t)}{\mathrm{d}t}-kx(t)\right)$$

$$=\frac{1}{m}u(t)-\frac{b}{m}z_2(t)-\frac{k}{m}z_1(t) \tag{3.1.5}$$

现在将式(3.1.3)到(3.1.5)写成紧凑的矩阵表达形式,可得

$$\frac{\mathrm{d}}{\mathrm{d}t}\begin{bmatrix}z_1(t)\\z_2(t)\end{bmatrix}=\begin{bmatrix}0 & 1\\-\dfrac{k}{m} & -\dfrac{b}{m}\end{bmatrix}\begin{bmatrix}z_1(t)\\z_2(t)\end{bmatrix}+\begin{bmatrix}0\\\dfrac{1}{m}\end{bmatrix}u(t) \tag{3.1.6}$$

而系统的输出 $y(t)=x(t)$ 也可以写成矩阵形式,即

$$y(t)=\begin{bmatrix}1 & 0\end{bmatrix}\begin{bmatrix}z_1(t)\\z_2(t)\end{bmatrix}+\begin{bmatrix}0\end{bmatrix}\begin{bmatrix}u(t)\end{bmatrix} \tag{3.1.7}$$

式(3.1.6)和式(3.1.7)是图 3.1.1 中弹簧质量阻尼系统的状态空间方程。

上述形式可推广并得到状态空间方程的一般形式,即

$$\frac{\mathrm{d}\boldsymbol{z}(t)}{\mathrm{d}t}=\boldsymbol{A}\boldsymbol{z}(t)+\boldsymbol{B}\boldsymbol{u}(t) \tag{3.1.8a}$$

$$\boldsymbol{y}(t)=\boldsymbol{C}\boldsymbol{z}(t)+\boldsymbol{D}\boldsymbol{u}(t) \tag{3.1.8b}$$

其中

$\boldsymbol{z}(t)$ 是状态变量,是一个 n 维向量,$\boldsymbol{z}(t)=[z_1(t),z_2(t),\cdots,z_n(t)]^{\mathrm{T}}$;

$\boldsymbol{y}(t)$ 是系统输出,是一个 m 维向量,$\boldsymbol{y}(t)=[y_1(t),y_2(t),\cdots,y_m(t)]^{\mathrm{T}}$;

$\boldsymbol{u}(t)$ 是系统输入,是一个 p 维向量,$\boldsymbol{u}(t)=[u_1(t),u_2(t),\cdots,u_p(t)]^{\mathrm{T}}$。

这说明,当使用状态空间方程来描述系统时,有 n 个状态变量、m 个输出和 p 个输入。它可以表达多状态、多输出、多输入的系统。其中,矩阵 $\boldsymbol{A}$ 是 $n\times n$ 矩阵,表示系统状态变量之间的关系,称为**状态矩阵**或者系统矩阵。矩阵 $\boldsymbol{B}$ 是 $n\times p$ 矩阵,表示输入对状态变量的影响,称为**输入矩阵**或者控制矩阵。矩阵 $\boldsymbol{C}$ 是 $m\times n$ 矩阵,表示系统的输出与系统状态变量之

间的关系,称为**输出矩阵**。矩阵 D 是 $m \times p$ 矩阵,表示系统的输入直接作用在系统输出的部分,称为**直接传递矩阵**。状态空间方程符号说明见表 3.1.1。

表 3.1.1　状态空间方程符号说明

符　号	名　称	维　度
$z(t)$	状态变量	$n \times 1$
$y(t)$	系统输出	$m \times 1$
$u(t)$	系统输入	$p \times 1$
A	状态矩阵	$n \times n$
B	输入矩阵	$n \times p$
C	输出矩阵	$m \times n$
D	直接传递矩阵	$m \times p$

以上述弹簧质量阻尼系统为例,参考式(3.1.6)和式(3.1.7),其状态变量 $z(t) = \begin{bmatrix} z_1(t) \\ z_2(t) \end{bmatrix}$,是 $n = 2$ 维向量。输出 $y(t) = x(t)$,是 $m = 1$ 维向量。输入 $u(t) = f(t)$,是 $p = 1$ 维向量。因此,对应的状态矩阵 $A = \begin{bmatrix} 0 & 1 \\ -\dfrac{k}{m} & -\dfrac{B}{m} \end{bmatrix}$,是一个 $n \times n = 2 \times 2$ 的矩阵。输入矩阵 $B = \begin{bmatrix} 0 \\ \dfrac{1}{m} \end{bmatrix}$,是一个 $n \times p = 2 \times 1$ 的矩阵。输出矩阵 $C = \begin{bmatrix} 1 & 0 \end{bmatrix}$,是一个 $m \times n = 1 \times 2$ 的矩阵。直接传递矩阵 $D = \begin{bmatrix} 0 \end{bmatrix}$,是一个 $m \times p = 1 \times 1$ 的矩阵。因为它只有一个输入和一个输出,所以本系统属于**单输入单输出**(Single Input Single Output,SISO)系统。

下面请看一个**多输入多输出**(Multiple Inputs Multiple Outputs,MIMO)系统的例子。

根据图 3.1.2 所示的电路网络,列出其状态空间方程表达式。其中,系统有两个输入 $u(t) = [e_1(t), e_2(t)]^\mathrm{T}$ 和两个输出 $y(t) = [i_1(t), e_{R_3}(t)]^\mathrm{T}$。

图 3.1.2　多输入多输出电路系统

若要建立上述系统的状态空间方程,首先要掌握它的动态微分方程。这个系统可以考虑成两个闭合回路,在每一个闭合回路里面使用基尔霍夫电压定律。可以得到

闭合回路 1

$$L_1 \frac{\mathrm{d}i_1(t)}{\mathrm{d}t} + i_1(t)R_1 + e_{R_3}(t) = e_1(t) \tag{3.1.9a}$$

闭合回路 2

$$L_2 \frac{\mathrm{d}i_2(t)}{\mathrm{d}t} + i_2(t)R_2 - e_{R_3}(t) = e_2(t) \tag{3.1.9b}$$

其中

$$e_{R_3}(t) = (i_1(t) - i_2(t))R_3 \tag{3.1.9c}$$

将式(3.1.9c)代入式(3.1.9a)和式(3.1.9b)并进行调整,得到

$$L_1 \frac{\mathrm{d}i_1(t)}{\mathrm{d}t} + i_1(t)(R_1 + R_3) - i_2(t)R_3 = e_1(t) \tag{3.1.9d}$$

$$L_2 \frac{\mathrm{d}i_2(t)}{\mathrm{d}t} + i_2(t)(R_2 + R_3) - i_1(t)R_3 = e_2(t) \tag{3.1.9e}$$

选取系统的状态变量 $\boldsymbol{z}(t) = [z_1(t), z_2(t)]^{\mathrm{T}}$,其中

$$z_1(t) = i_1(t) \tag{3.1.10a}$$
$$z_2(t) = i_2(t) \tag{3.1.10b}$$

将式(3.1.10a)、式(3.1.10b)代入式(3.1.9d)和式(3.1.9e),调整后可得

$$\frac{\mathrm{d}z_1(t)}{\mathrm{d}t} = -\left(\frac{R_1 + R_3}{L_1}\right)z_1(t) + \frac{R_3}{L_1}z_2(t) + \frac{1}{L_1}e_1(t) \tag{3.1.11a}$$

$$\frac{\mathrm{d}z_2(t)}{\mathrm{d}t} = \frac{R_3}{L_2}z_1(t) - \left(\frac{R_2 + R_3}{L_2}\right)z_2(t) + \frac{1}{L_2}e_2(t) \tag{3.1.11b}$$

将式(3.1.11a)、式(3.1.11b)写成紧凑的矩阵形式,得到

$$\begin{bmatrix} \dfrac{\mathrm{d}z_1(t)}{\mathrm{d}t} \\ \dfrac{\mathrm{d}z_2(t)}{\mathrm{d}t} \end{bmatrix} = \begin{bmatrix} -\left(\dfrac{R_1 + R_3}{L_1}\right) & \dfrac{R_3}{L_1} \\ \dfrac{R_3}{L_2} & -\left(\dfrac{R_2 + R_3}{L_2}\right) \end{bmatrix} \begin{bmatrix} z_1(t) \\ z_2(t) \end{bmatrix} + \begin{bmatrix} \dfrac{1}{L_1} & 0 \\ 0 & \dfrac{1}{L_2} \end{bmatrix} \begin{bmatrix} e_1(t) \\ e_2(t) \end{bmatrix}$$

$$\tag{3.1.12}$$

系统输出 $\boldsymbol{y}(t) = [i_1(t), e_{R_3}(t)]^{\mathrm{T}}$,可以表达为

$$\boldsymbol{y}(t) = \begin{bmatrix} i_1(t) \\ e_{R_3}(t) \end{bmatrix} = \begin{bmatrix} 1 & 0 \\ R_3 & -R_3 \end{bmatrix} \begin{bmatrix} z_1(t) \\ z_2(t) \end{bmatrix} + \begin{bmatrix} 0 & 0 \\ 0 & 0 \end{bmatrix} \begin{bmatrix} e_1(t) \\ e_2(t) \end{bmatrix} \tag{3.1.13}$$

将式(3.1.12)和式(3.1.13)写成一般形式,可以得到系统的状态空间方程,即

$$\frac{\mathrm{d}\boldsymbol{z}(t)}{\mathrm{d}t} = \boldsymbol{A}\boldsymbol{z}(t) + \boldsymbol{B}\boldsymbol{u}(t)$$

$$\boldsymbol{y}(t) = \boldsymbol{C}\boldsymbol{z}(t) + \boldsymbol{D}\boldsymbol{u}(t)$$

其中

$$\boldsymbol{z}(t) = [i_1(t), i_2(t)]^{\mathrm{T}}; \ \boldsymbol{y}(t) = [i_1(t), e_{R_3}(t)]^{\mathrm{T}}; \ \boldsymbol{u}(t) = [e_1(t), e_2(t)]^{\mathrm{T}};$$

$$A = \begin{bmatrix} -\left(\dfrac{R_1+R_3}{L_1}\right) & \dfrac{R_3}{L_1} \\ \dfrac{R_3}{L_2} & -\left(\dfrac{R_2+R_3}{L_2}\right) \end{bmatrix}; \ B = \begin{bmatrix} \dfrac{1}{L_1} & 0 \\ 0 & \dfrac{1}{L_2} \end{bmatrix}; \ C = \begin{bmatrix} 1 & 0 \\ R_3 & -R_3 \end{bmatrix}; \ D = \begin{bmatrix} 0 & 0 \\ 0 & 0 \end{bmatrix}.$$

3.1.2 状态空间方程与传递函数的关系

如3.1.1节所分析的,一个单输入单输出系统可以写成式(3.1.2)的传递函数形式和式(3.1.8a)、式(3.1.8b)的状态空间方程表达式,下面我们来讨论这两种形式之间的联系。

对式(3.1.8a)、式(3.1.8b)的等式两边进行拉普拉斯变换,得到

$$\mathcal{L}\left[\frac{\mathrm{d}z(t)}{\mathrm{d}t}\right] = \mathcal{L}[Az(t)+Bu(t)] \tag{3.1.14a}$$

$$\mathcal{L}[y(t)] = \mathcal{L}[Cz(t)+Du(t)] \tag{3.1.14b}$$

考虑零初始状态,$z_1(0)=z_2(0)=0$,式(3.1.14a)、式(3.1.14b)可以整理为

$$sZ(s) = AZ(s)+BU(s) \tag{3.1.15a}$$

$$Y(s) = CZ(s)+DU(s) \tag{3.1.15b}$$

其中,$Z(s)=\mathcal{L}[z(t)]$,$Y(s)=\mathcal{L}[y(t)]$,$U(s)=\mathcal{L}[u(t)]$。式(3.1.15a)调整后可得

$$Z(s) = (sI-A)^{-1}BU(s) \tag{3.1.16}$$

其中,$(sI-A)^{-1}$ 是 $(sI-A)$ 的逆矩阵;I 是 $n\times n$ 单位矩阵,$I_{n\times n}=\begin{bmatrix} 1 & 0 & \cdots & 0 \\ 0 & 1 & \cdots & 0 \\ \vdots & \vdots & \ddots & \vdots \\ 0 & 0 & 0 & 1 \end{bmatrix}$。

将式(3.1.16)代入式(3.1.15b)中并调整,可得

$$Y(s) = (C(sI-A)^{-1}B+D)U(s) \tag{3.1.17}$$

因此,系统的传递函数可以表达为

$$G(s) = \frac{Y(s)}{U(s)} = C(sI-A)^{-1}B+D \tag{3.1.18}$$

考虑图3.1.1的弹簧质量阻尼系统,其中 $D=0$,根据矩阵求逆公式 $(sI-A)^{-1}=\dfrac{(sI-A)^*}{|sI-A|}$,代入式(3.1.18)可得

$$G(s) = \frac{Y(s)}{U(s)} = \frac{C(sI-A)^*B}{|sI-A|} \tag{3.1.19}$$

其中,$(sI-A)^*$ 是 $(sI-A)$ 的伴随矩阵,$|sI-A|$ 是 $(sI-A)$ 的行列式。

观察式(3.1.19),如果令 $G(s)$ 的分母部分为零,即 $|sI-A|=0$,得出的 s 值有两个含义:第一,从传递函数的角度考虑,它是传递函数的极点;第二,从状态矩阵的角度考虑,它是矩阵 A 的特征值(令 $|sI-A|=0$ 是求矩阵 A 特征值的公式,见3.2.1节)。在2.3节中曾经介绍过,通过分析传递函数极点可以判断系统的表现。而当把系统写成状态空间方程之后,状态矩阵 A 的特征值即为其相对应的传递函数 $G(s)$ 的极点。因此,通过分析矩阵 A 的特征值也可以判断系统的表现。

状态空间方程系统建模内容请扫描此二维码观看。

3.2 相平面数学基础

式(3.1.8a)、式(3.1.8b)是状态空间方程的一般表达式,求解矩阵形式的微分方程可以掌握系统状态变量随时间的变化。式(3.1.8a)的解为

$$z(t) = \mathrm{e}^{A(t-t_0)}z(t_0) + \int_{t_0}^{t} \mathrm{e}^{A(t-\tau)}Bu(\tau)\mathrm{d}\tau \qquad (3.2.1)$$

关于求解过程本书不做详细推导,只给出结论作为参考,有兴趣的读者可以参考其他书籍。观察式(3.2.1)可以发现 $z(t)$ 由两部分组成,第一部分只和系统的初始条件 $z(t_0)$ 相关,而第二部分是一个卷积,与系统的输入相关。式(3.2.1)包含了卷积,而且指数部分还出现矩阵,因此增加了分析求解的难度和复杂程度。在第 2 章中引入了拉普拉斯变换和传递函数来绕开求解微分方程和卷积,从而简化了系统的分析。而对于状态空间方程,使用相平面与相轨迹的方法可以快速有效地分析系统。在讲解这一数学工具之前,首先回顾线性代数中的一个重要概念——矩阵的特征值与特征向量。

3.2.1 矩阵的特征值与特征向量

在线性代数中,对于一个给定的方阵 A,它的特征向量 v 经过矩阵 A 线性变换的作用之后,得到的新的向量仍然与原来的 v 保持在同一条直线上,但其长度或方向也许会改变。即

$$Av = \lambda v \qquad (3.2.2)$$

其中,λ 为标量,即特征向量的长度在矩阵 A 线性变换下缩放的比例,称为矩阵 A 的**特征值**。

首先来看线性变换,假设有一个二维矩阵 A 与一个向量 v_a,其中

$$A = \begin{bmatrix} 1 & 1 \\ 4 & -2 \end{bmatrix}, \quad v_a = \begin{bmatrix} 1 \\ 2 \end{bmatrix} \qquad (3.2.3)$$

用矩阵 A 左乘以 v_a,根据矩阵的乘法法则,可得

$$Av_a = \begin{bmatrix} 1 & 1 \\ 4 & -2 \end{bmatrix}\begin{bmatrix} 1 \\ 2 \end{bmatrix} = \begin{bmatrix} 1\times1+1\times2 \\ 4\times1+(-2)\times2 \end{bmatrix} = \begin{bmatrix} 3 \\ 0 \end{bmatrix} \qquad (3.2.4)$$

从 v_a 到 Av_a 的过程称为线性变换,如图 3.2.1(a)所示。向量 v_a 经过矩阵 A 线性变换后,长度发生了改变,而且不再和原向量保持在一条直线上。

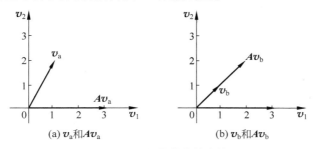

(a) v_a 和 Av_a (b) v_b 和 Av_b

图 3.2.1 向量的线性变换

再来考虑另一个向量 $v_b = [1,1]^T$,对它进行同样的通过矩阵 A 的线性变换,可得

$$A v_b = \begin{bmatrix} 1 & 1 \\ 4 & -2 \end{bmatrix} \begin{bmatrix} 1 \\ 1 \end{bmatrix} = \begin{bmatrix} 2 \\ 2 \end{bmatrix} = 2 \begin{bmatrix} 1 \\ 1 \end{bmatrix} = \lambda v_b \tag{3.2.5}$$

式(3.2.5)说明通过矩阵 A 线性变换后,$A v_b = \lambda v_b = 2 v_b$。如图3.2.1(b)所示,经过变换后的新向量与原向量在一条直线上,但是长度发生了改变。根据定义,v_b 是矩阵 A 的特征向量,缩放比例 $\lambda = 2$ 则是矩阵 A 对应于特征向量 v_b 的特征值。

现在以矩阵 A 为例,说明如何求解特征值与特征向量。根据式(3.2.2),可得

$$A v - \lambda v = 0$$
$$\Rightarrow (A - \lambda I) v = 0 \tag{3.2.6}$$

其中,I 为单位矩阵,维度与 A 相同。根据矩阵理论,如果式(3.2.6)有非零解,则矩阵 $(A - \lambda I)$ 的行列式必须为零,即

$$|A - \lambda I| = 0 \tag{3.2.7}$$

将 $A = \begin{bmatrix} 1 & 1 \\ 4 & -2 \end{bmatrix}$ 代入式(3.2.7),可得

$$\begin{vmatrix} 1-\lambda & 1 \\ 4 & -2-\lambda \end{vmatrix} = 0 \tag{3.2.8a}$$

即

$$(1-\lambda)(-2-\lambda) - 1 \times 4 = 0$$
$$\Rightarrow \lambda^2 + \lambda - 6 = 0 \tag{3.2.8b}$$

式(3.2.8b)称为矩阵 A 的**特征方程(Characteristic Equation)**。可以得到矩阵 A 的两个特征值:

$$\left. \begin{array}{l} \lambda_1 = 2 \\ \lambda_2 = -3 \end{array} \right\} \tag{3.2.9}$$

将式(3.2.9)代入式(3.2.6)即可得到不同特征值所对应的特征向量。例如当 $\lambda_1 = 2$ 时,对应的特征向量为 $v_1 = [v_{11}, v_{12}]^T$,根据式(3.2.6),可得

$$(A - \lambda_1 I) v_1 = \begin{bmatrix} 1-2 & 1 \\ 4 & -2-2 \end{bmatrix} \begin{bmatrix} v_{11} \\ v_{12} \end{bmatrix} = \begin{bmatrix} -1 & 1 \\ 4 & -4 \end{bmatrix} \begin{bmatrix} v_{11} \\ v_{12} \end{bmatrix} = 0$$

$$\Rightarrow \begin{cases} -v_{11} + v_{12} = 0 \\ 4v_{11} - 4v_{12} = 0 \end{cases}$$

$$\Rightarrow v_{11} = v_{12} \tag{3.2.10}$$

式(3.2.10)说明特征向量 v_1 存在于 $v_{11} = v_{12}$ 这一条直线上。可以任意取其中的一组,例如选取 $v_{11} = v_{12} = 1$,那么矩阵 A 对应于特征值 $\lambda_1 = 2$ 的特征向量为

$$v_1 = \begin{bmatrix} v_{11} \\ v_{12} \end{bmatrix} = \begin{bmatrix} 1 \\ 1 \end{bmatrix} \tag{3.2.11}$$

v_1 通过矩阵 A 的线性变换后得到 $A v_1 = [2,2]^T = 2 v_1$,如图3.2.1(b)所示。

同理,可以计算 v_2,即特征值 $\lambda_2 = -3$ 时的特征向量,可得

$$(\boldsymbol{A} - \lambda_2 \boldsymbol{I}) \boldsymbol{v}_2 = \begin{bmatrix} 1+3 & 1 \\ 4 & -2+3 \end{bmatrix} \begin{bmatrix} v_{21} \\ v_{22} \end{bmatrix} = \begin{bmatrix} 4 & 1 \\ 4 & 1 \end{bmatrix} \begin{bmatrix} v_{21} \\ v_{22} \end{bmatrix} = 0$$

$$\begin{cases} 4v_{21} + v_{22} = 0 \\ 4v_{21} + v_{22} = 0 \end{cases}$$

$$\Rightarrow v_{21} = -\frac{1}{4} v_{22} \tag{3.2.12}$$

选取 $v_{21} = 0.5, v_{22} = -2$。那么,矩阵 $\boldsymbol{A}$ 对应于特征值 $\lambda_2 = -3$ 的特征向量为

$$\boldsymbol{v}_2 = \begin{bmatrix} v_{21} \\ v_{22} \end{bmatrix} = \begin{bmatrix} 0.5 \\ -2 \end{bmatrix} \tag{3.2.13}$$

此时,$\boldsymbol{A}\boldsymbol{v}_2 = \begin{bmatrix} 1 & 1 \\ 4 & -2 \end{bmatrix} \begin{bmatrix} 0.5 \\ -2 \end{bmatrix} = \begin{bmatrix} -1.5 \\ 6 \end{bmatrix} = -3\boldsymbol{v}_2$。

3.2.2 特征值与特征向量的应用——线性方程组解耦

特征值与特征向量的一个重要应用是将矩阵转化成对角矩阵,从而达到**解耦**（**Decouple**）的效果。解耦即解除耦合,而耦合是指一个系统里面的两个或以上的状态变量存在相互影响、相互关联的作用。考虑一个包含两个状态变量的系统,它的微分方程组为

$$\begin{cases} \dfrac{\mathrm{d}z_1(t)}{\mathrm{d}t} = z_1(t) + z_2(t) \\ \dfrac{\mathrm{d}z_2(t)}{\mathrm{d}t} = 4z_1(t) - 2z_2(t) \end{cases} \tag{3.2.14}$$

式(3.2.14)说明,系统状态变量 $z_1(t)$ 的变化率 $\dfrac{\mathrm{d}z_1(t)}{\mathrm{d}t}$ 除了与自身相关之外,还与 $z_2(t)$ 相关。而 $z_2(t)$ 的变化率 $\dfrac{\mathrm{d}z_2(t)}{\mathrm{d}t}$ 同时是 $z_2(t)$ 和 $z_1(t)$ 的函数,这样的两个状态变量就是耦合的。对于耦合系统,分析单个状态变量的变化需要同时考虑两个变量,这是不容易做到的。将上述系统写成紧凑的状态空间方程,得到

$$\frac{\mathrm{d}z(t)}{\mathrm{d}t} = \boldsymbol{A}z(t) \tag{3.2.15}$$

其中

$$\boldsymbol{A} = \begin{bmatrix} 1 & 1 \\ 4 & -2 \end{bmatrix}$$

若要解耦这个系统,首先需要定义**过渡矩阵**（**Transition Matrix**）:

$$\boldsymbol{P} = \begin{bmatrix} \boldsymbol{v}_1, \boldsymbol{v}_2 \end{bmatrix} = \begin{bmatrix} v_{11} & v_{21} \\ v_{12} & v_{22} \end{bmatrix} \tag{3.2.16}$$

其中,$\boldsymbol{v}_1$、$\boldsymbol{v}_2$ 是矩阵 $\boldsymbol{A}$ 所对应的两个特征向量。用矩阵 $\boldsymbol{A}$ 左乘以过渡矩阵,可得

$$\boldsymbol{AP} = \boldsymbol{A} \begin{bmatrix} v_{11} & v_{21} \\ v_{12} & v_{22} \end{bmatrix} = \begin{bmatrix} \boldsymbol{A} \begin{bmatrix} v_{11} \\ v_{12} \end{bmatrix} & \boldsymbol{A} \begin{bmatrix} v_{21} \\ v_{22} \end{bmatrix} \end{bmatrix} \tag{3.2.17}$$

因为 $\begin{bmatrix} v_{11} \\ v_{12} \end{bmatrix}$ 和 $\begin{bmatrix} v_{21} \\ v_{22} \end{bmatrix}$ 是矩阵 $\boldsymbol{A}$ 的特征向量,所以 $\boldsymbol{A} \begin{bmatrix} v_{11} \\ v_{12} \end{bmatrix} = \lambda_1 \begin{bmatrix} v_{11} \\ v_{12} \end{bmatrix}, \boldsymbol{A} \begin{bmatrix} v_{21} \\ v_{22} \end{bmatrix} = \lambda_2 \begin{bmatrix} v_{21} \\ v_{22} \end{bmatrix}$,

其中,λ_1 和 λ_2 是特征向量 $\boldsymbol{v}_1$ 和 $\boldsymbol{v}_2$ 所对应的特征值。式(3.2.17)可以写成

$$\boldsymbol{AP} = \begin{bmatrix} \lambda_1 \begin{bmatrix} v_{11} \\ v_{12} \end{bmatrix} \lambda_2 \begin{bmatrix} v_{21} \\ v_{22} \end{bmatrix} \end{bmatrix} = \begin{bmatrix} \lambda_1 v_{11} & \lambda_2 v_{21} \\ \lambda_1 v_{12} & \lambda_2 v_{22} \end{bmatrix} = \begin{bmatrix} v_{11} & v_{21} \\ v_{12} & v_{22} \end{bmatrix} \begin{bmatrix} \lambda_1 & 0 \\ 0 & \lambda_2 \end{bmatrix} = \boldsymbol{PD} \quad (3.2.18)$$

其中,$\boldsymbol{D} = \begin{bmatrix} \lambda_1 & 0 \\ 0 & \lambda_2 \end{bmatrix}$ 是一个特征值位于对角线上的对角矩阵。现在对式(3.2.18)等号两边同时左乘以 $\boldsymbol{P}^{-1}$,可得

$$\boldsymbol{P}^{-1}\boldsymbol{AP} = \boldsymbol{P}^{-1}\boldsymbol{PD}$$
$$\Rightarrow \boldsymbol{P}^{-1}\boldsymbol{AP} = \boldsymbol{D} \quad (3.2.19)$$

式(3.2.19)通过过渡矩阵 $\boldsymbol{P}$ 将原矩阵 $\boldsymbol{A}$ 对角化。

下面定义一组新的状态变量 $\bar{\boldsymbol{z}}(t)$,令

$$\boldsymbol{z}(t) = \boldsymbol{P}\bar{\boldsymbol{z}}(t) \quad (3.2.20)$$

将式(3.2.20)代入式(3.2.15),可得

$$\boldsymbol{P} \frac{\mathrm{d}\bar{\boldsymbol{z}}(t)}{\mathrm{d}t} = \boldsymbol{AP}\bar{\boldsymbol{z}}(t) \quad (3.2.21)$$

式(3.2.21)等号两边同时左乘以 $\boldsymbol{P}^{-1}$,得到

$$\boldsymbol{P}^{-1}\boldsymbol{P} \frac{\mathrm{d}\bar{\boldsymbol{z}}(t)}{\mathrm{d}t} = \boldsymbol{P}^{-1}\boldsymbol{AP}\bar{\boldsymbol{z}}(t) \quad (3.2.22)$$

其中,$\boldsymbol{P}^{-1}\boldsymbol{P} = \boldsymbol{I}$ 是单位矩阵。根据式(3.2.19),$\boldsymbol{P}^{-1}\boldsymbol{AP} = \boldsymbol{D}$。可得

$$\frac{\mathrm{d}\bar{\boldsymbol{z}}(t)}{\mathrm{d}t} = \boldsymbol{D}\bar{\boldsymbol{z}}(t) = \begin{bmatrix} \lambda_1 & 0 \\ 0 & \lambda_2 \end{bmatrix} \bar{\boldsymbol{z}}(t) \quad (3.2.23)$$

即

$$\begin{cases} \dfrac{\mathrm{d}\bar{z}_1(t)}{\mathrm{d}t} = \lambda_1 \bar{z}_1(t) \\[3mm] \dfrac{\mathrm{d}\bar{z}_2(t)}{\mathrm{d}t} = \lambda_2 \bar{z}_2(t) \end{cases} \quad (3.2.24)$$

式(3.2.24)说明新的状态变量 $\bar{z}_1(t)$ 和 $\bar{z}_2(t)$ 的变化率只和自身相关,因此通过这样的一个变换之后,原来系统中的耦合关系就不再存在。而求解式(3.2.24)则非常容易,根据微分方程的求解公式可得

$$\begin{cases} \bar{z}_1(t) = C_1 \mathrm{e}^{\lambda_1 t} \\[2mm] \bar{z}_2(t) = C_2 \mathrm{e}^{\lambda_2 t} \end{cases} \quad (3.2.25)$$

其中,C_1 和 C_2 是常数,与初始条件有关。

我们之前已经计算过了矩阵 $\boldsymbol{A}$ 的特征值(参考式(3.2.9))及特征向量(参考式(3.2.11)和式(3.2.13)),代入式(3.2.25)可得

$$\begin{cases} \bar{z}_1(t) = C_1 \mathrm{e}^{2t} \\[2mm] \bar{z}_2(t) = C_2 \mathrm{e}^{-3t} \end{cases} \quad (3.2.26)$$

此时,根据式(3.2.20),可以得到系统的原状态变量 $\boldsymbol{z}(t)$ 的表达式,即

$$z(t)=P\bar{z}(t)=\begin{bmatrix}v_{11}&v_{21}\\v_{12}&v_{22}\end{bmatrix}\begin{bmatrix}C_1\mathrm{e}^{2t}\\C_2\mathrm{e}^{-3t}\end{bmatrix}=\begin{bmatrix}1&0.5\\1&-2\end{bmatrix}\begin{bmatrix}C_1\mathrm{e}^{2t}\\C_2\mathrm{e}^{-3t}\end{bmatrix}=\begin{bmatrix}C_1\mathrm{e}^{2t}+0.5C_2\mathrm{e}^{-3t}\\C_1\mathrm{e}^{2t}-2C_2\mathrm{e}^{-3t}\end{bmatrix}$$

$$(3.2.27)$$

请读者观察式(3.2.27)，会发现状态矩阵 A 的特征值 $\lambda_1=2$ 和 $\lambda_2=-3$ 出现在指数的部分。它们将决定 $z(t)$ 随时间的变化趋势。例如，$z_1(t)=C_1\mathrm{e}^{2t}+0.5C_2\mathrm{e}^{-3t}$ 的第一项 $C_1\mathrm{e}^{2t}$ 会随着时间的增加趋于无穷大，而第二项 $0.5C_2\mathrm{e}^{-3t}$ 则会随着时间的增加趋于零。因此，这两项相加的结果也会随着时间的增加趋于无穷大。$z_2(t)$ 也有同样的表现。综上所述，随着时间的增加，系统的状态变量 $z(t)$ 会趋于无穷。以上解耦的方法也可以推广到更高阶的矩阵当中，这部分推导留给读者自行分析。

讨论过数学基础之后，我们将正式进入相平面与相轨迹的分析中。

3.3　相平面与相轨迹分析

相平面与**相轨迹**（**Phase Portrait**）将使用直观的图形来分析微分方程，特别是二阶微分方程。相轨迹描述了系统的状态变量随时间在相平面上的变化轨迹。它的理念也可以拓展到更高维度的系统中。而且不只是线性系统，在非线性系统中也可以利用这一数学工具分析系统的表现。

3.3.1　一维相轨迹

首先讨论使用图形化分析一阶微分方程的方法。考虑一个一阶微分方程：

$$\frac{\mathrm{d}z(t)}{\mathrm{d}t}=z^2(t)-1 \tag{3.3.1}$$

将其在相平面中绘制出来，令横轴为状态变量 $z(t)$，纵轴为 $\frac{\mathrm{d}z(t)}{\mathrm{d}t}$。式(3.3.1)所表达的是一条抛物线，如图 3.3.1 所示，它与横坐标之间存在两个交点，分别定义为 z_{f1} 和 z_{f2}。当状态变量 $z(t)$ 位于这两个点时，$\frac{\mathrm{d}z(t)}{\mathrm{d}t}\big|_{z(t)=z_{f1}}=\frac{\mathrm{d}z(t)}{\mathrm{d}t}\big|_{z(t)=z_{f2}}=0$，说明此刻的 $z(t)$ 将不会随时间发生任何改变。因此，这两个点被称为**平衡点**（**Equilibrium Point** 或者 **Fixed Point**）。从动态系统的角度考虑，当状态变量 $z(t)$ 位于平衡点时的动态系统会保持"静止"的状态。

一旦状态变量偏离平衡点之后，动态系统便会"动"起来，此时我们所关心的是系统能否回到静止的状态（平衡点）。首先看图 3.3.1(a)，假设状态变量 $z(t)$ 在 $t=0$ 时位于平衡点 z_{f1} 的左边，即 $z(0)=z_{1l}$。根据图像显示，此时 $\frac{\mathrm{d}z(t)}{\mathrm{d}t}\big|_{z(t)=z_{1l}}>0$，这说明随着时间的增加，状态变量 $z(t)$ 也会增加。在图中，$z(t)$ 将沿着向右的轨迹移动。而在它移动的过程中，$\frac{\mathrm{d}z(t)}{\mathrm{d}t}$ 始终保持为正值，因此 $z(t)$ 就会一直增加并保持向右移动。直到 $z(t)=z_{f1}$ 时才会停下来（此时 $\frac{\mathrm{d}z(t)}{\mathrm{d}t}\big|_{z(t)=z_{f1}}=0$）。同理，如果 $t=0$ 时 $z(0)$ 在 z_{f1} 的右边，即 $z(0)=z_{1r}$，此时

(a) 初始位置在平衡点z_{f1}附近　　　　　(b) 初始位置在平衡点z_{f2}附近

图 3.3.1　一维微分方程图形化分析

$$\frac{dz(t)}{dt}\bigg|_{z(t)=z_{1r}} < 0 , z(t)$$ 则会随着时间的增加而向左移动(随着时间的增加而减小),直到平衡点 z_{f1} 为止。以上的分析说明,当系统的状态变量 $z(t)$ 小范围偏离平衡点 z_{f1} 后,会自动回到平衡点 z_{f1}。因此,z_{f1} 被称为**稳定平衡点**。

用同样的方法分析另一个平衡点 z_{f2},请读者根据图 3.3.1(b)自行推导,可以发现,无论 $z(t)$ 的初始位置在 z_{f2} 的左边还是右边,它的变化趋势都将会是远离 z_{f2}。因此,z_{f2} 被称为系统的**不稳定平衡点**。即状态变量偏离 z_{f2} 之后,就无法再自动地回到 z_{f2} 这个平衡点上。需要注意的是,根据图 3.3.1,只有当初始位置 $z(0)$ 在 z_{f2} 左边,即 $z(0) < z_{f2}$ 时,状态变量才可以回到平衡点 z_{f1}。因此,z_{f1} 是一个**局部(Local)**稳定的平衡点。

使用此方法来分析如下非线性微分方程。

例 3.3.1　利用相平面与相轨迹分析 Logistic 人口繁殖模型,它的微分方程为

$$\frac{dP(t)}{dt} = rP(t)\left(1 - \frac{P(t)}{K}\right) \tag{3.3.2}$$

其中,$P(t)$ 是人口数,r 是人口的自然增长率($r>0$),K 是环境承载力。

解:式(3.3.2)可以写成

$$\frac{dP(t)}{dt} = rP(t) - \frac{r}{K}P^2(t) \tag{3.3.3}$$

因为式(3.3.3)存在 $P^2(t)$ 项,所以它是一个非线性的系统,求解微分方程相较于线性系统会更加困难,使用相平面可以简化分析并直观地理解系统的特征。首先来寻找系统的平衡点,令 $\dfrac{dP(t)}{dt}=0$,可得

$$0 = rP(t) - \frac{r}{K}P^2(t)$$

$$\Rightarrow \begin{cases} P_{f1} = 0 \\ P_{f2} = K \end{cases} \tag{3.3.4}$$

上面两个平衡点的位置很容易通过物理意义来理解。首先,$P_{f1}=0$ 说明这是个无人区,人口自然不会凭空产生出来。而当 $P_{f2}=K$ 时,说明人口数达到了环境的承载力,将在此位置

保持平衡。将式(3.3.3)分成两部分,即 $rP(t)$ 和 $\dfrac{r}{K}P^2(t)$,并把这两条曲线在相平面中绘制出来,如图 3.3.2 所示,系统的平衡点位于两条曲线交叉位置($rP(t)=\dfrac{r}{K}P^2(t)$)。负数对于人口数量没有意义,所以图中只包含了正数部分。横轴为人口数 $P(t)$,纵轴为人口变化率 $\dfrac{\mathrm{d}P(t)}{\mathrm{d}t}$。

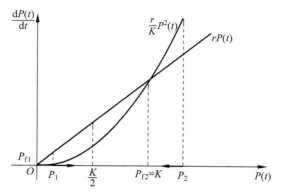

图 3.3.2　例 3.3.1 相轨迹分析

首先分析平衡点 $P_{f1}=0$。如图 3.3.2 所示,当有少量人口迁移到此地时(此时假设初始状态为 $P(0)=P_1$),此时的人口变化率 $\dfrac{\mathrm{d}P(t)}{\mathrm{d}t}\bigg|_{P(t)=P_1}=rP_1-\dfrac{r}{K}P_1^2>0$,因此随着时间的增加,人口将正增长,$P(t)$ 将沿着正方向轨迹移动并将远离平衡点 P_{f1},所以 P_{f1} 是一个不稳定平衡点。这说明一个地方一旦开始出现生命,就会生生不息。同时可以发现,随着 $P(t)$ 不断向正方向移动,$rP(t)$ 与 $\dfrac{r}{K}P^2(t)$ 之间的差距会越来越大,直到 $P(t)=\dfrac{K}{2}$ 时它们达到最大的差值。这说明当人口数 $P(t)<\dfrac{K}{2}$ 时,人口的增长率在不断地升高,人口加速增长。而当 $P(t)>\dfrac{K}{2}$ 以后,增长速度就会减缓,直到达到环境的承载力,即另一个平衡点 $P_{f2}=K$ 时为止。

考虑另一种情况,如果突然间有大量的人口涌入这个地方(此时初始状态为 $P(0)=P_2$),从图 3.3.2 中可以发现,此时 $rP_2<\dfrac{r}{K}P_2^2$,所以变化率 $\dfrac{\mathrm{d}P(t)}{\mathrm{d}t}\bigg|_{P(t)=P_2}=rP_2-\dfrac{r}{K}P_2^2<0$,人口将负增长($P(t)$ 将沿着负方向移动)。同时可以发现,初始状态下涌入的人越多,负增长的速率就越快,随着人口的下降,负增长的速率也会下降,直到达到环境的承载力,即平衡点 $P_{f2}=K$ 为止。所以 P_{f2} 是一个稳定的平衡点。

图 3.3.3 显示了从 P_1 和 P_2 开始时人口随时间的变化。它呈现出了与上面分析一致的结果。当初始位置从 P_1 开始时,人口的增速会越来越快,直到 $\dfrac{K}{2}$ 后增速开始下降,并达到承载力。而一旦人口超过承载能力 K 以后,将会迅速负增长以达到平衡点。

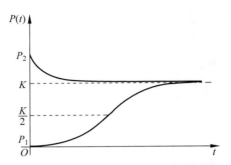

图 3.3.3 例 3.3.1 人口随时间的变化趋势图

如图 3.3.3 所示,在此模型条件下,人口从 P_1 增长到 K 的速度要远远慢于人口从 P_2 下降到 K 的速度。这是因为一个人从出生到成熟需要十几年的时间,繁衍一代人则需要二三十年的周期。然而,一场战争、一场瘟疫或一场自然灾害却可以在短时间内毁灭大量的人口,甚至造成深远的断代影响。人类是世界上最伟大的物种,自从诞生在这个地球以来就开始了对自然界的征服之旅,仅仅用了很短的时间就站到了食物链的顶端,从此不断地繁衍、进化,变得文明。与此同时,人类的生存环境也在被自身的活动不断地改变着。上述人口模型比较简单且参数较少,它并没有考虑到人口的年龄结构、迁徙、疾病、科技发展,或是政策因素的影响。但即便如此,这个简单的数学模型仍然揭示了人类活动和环境承载力之间的关系,并阐述了一个重要的道理:在发展的同时需要对自然法则存一份敬畏之心。尊重自然,尊重科学,人类的文明才能够更加繁荣地发展下去。

3.3.2 二维相平面与相轨迹——简化形式

考虑一个二维系统,在没有输入的情况下,它的状态空间方程为

$$\frac{\mathrm{d}}{\mathrm{d}t}\begin{bmatrix} z_1(t) \\ z_2(t) \end{bmatrix} = \boldsymbol{A}\begin{bmatrix} z_1(t) \\ z_2(t) \end{bmatrix} = \begin{bmatrix} a_{11} & a_{12} \\ a_{21} & a_{22} \end{bmatrix}\begin{bmatrix} z_1(t) \\ z_2(t) \end{bmatrix} \tag{3.3.5}$$

求式(3.3.5)的平衡点,可令 $\dfrac{\mathrm{d}}{\mathrm{d}t}\begin{bmatrix} z_1(t) \\ z_2(t) \end{bmatrix} = 0$,得到

$$\begin{cases} 0 = a_{11}z_1(t) + a_{12}z_2(t) \\ 0 = a_{21}z_1(t) + a_{22}z_2(t) \end{cases}$$

$$\Rightarrow \begin{cases} z_{1\mathrm{f}} = 0 \\ z_{2\mathrm{f}} = 0 \end{cases} \tag{3.3.6}$$

首先分析简化矩阵,假设 $a_{12} = a_{21} = 0$。此时式(3.3.5)可以化简为

$$\frac{\mathrm{d}}{\mathrm{d}t}\begin{bmatrix} z_1(t) \\ z_2(t) \end{bmatrix} = \begin{bmatrix} a_{11} & 0 \\ 0 & a_{22} \end{bmatrix}\begin{bmatrix} z_1(t) \\ z_2(t) \end{bmatrix} \tag{3.3.7}$$

即

$$\begin{cases} \dfrac{\mathrm{d}z_1(t)}{\mathrm{d}t} = a_{11}z_1(t) \\[3mm] \dfrac{\mathrm{d}z_2(t)}{\mathrm{d}t} = a_{22}z_2(t) \end{cases} \tag{3.3.8}$$

下面根据 a_{11} 和 a_{22} 的符号来进行分类讨论。

类（1）：$a_{11} > 0$ 且 $a_{22} > 0$。

首先分析 $a_{11} = a_{22} > 0$ 的情况：从坐标轴上的点入手，假设 $z(t)$ 在 $t = 0$ 时位于坐标横轴上，即 $z(0) = [z_1(0), z_2(0)]^{\mathrm{T}} = [z_1(0), 0]^{\mathrm{T}}$，此时 $z_2(0) = 0 = z_{2\mathrm{f}}$ 在平衡点上，所以 $z_2(t)$ 不会随时间改变。如图 3.3.4(a) 所示，当初始状态 $z_1(0) = z_{1\mathrm{r}} > 0$ 时，根据式 (3.3.8)，$\left. \dfrac{\mathrm{d}z_1(t)}{\mathrm{d}t} \right|_{z_1(0) = z_{1\mathrm{r}}} = a_{11}z_{1\mathrm{r}} > 0$，因此 $z_1(t)$ 会随着时间增加而不断地增加，向右移动并远离平衡点。同理，如果初始状态处于平衡点左边，即 $z_1(0) = z_{1\mathrm{l}} < 0$，那么随着时间的增加，$z_1(t)$ 会不断地减小（向左移动）。读者可以用同样的方法去分析在纵轴上（$z_1(0) = z_{1\mathrm{f}} = 0$）的情况，如图 3.3.4(a) 所示，在纵轴上 $z_2(t)$ 的变化也将是沿着远离平衡点的轨迹移动。

(a) 坐标轴上的相轨迹　　　　　　　(b) 平面上的相轨迹

图 3.3.4　$a_{11} = a_{22} > 0$ 时的相平面分析

把坐标轴上的情况推广到整个相平面上可以得到图 3.3.4(b) 所示的图像。如果初始位置在第一象限，即 $z_1(0) > 0$ 且 $z_2(0) > 0$，此时 $\left. \dfrac{\mathrm{d}z_1(t)}{\mathrm{d}t} \right|_{t=0} > 0$ 且 $\left. \dfrac{\mathrm{d}z_2(t)}{\mathrm{d}t} \right|_{t=0} > 0$。因此，两个变量都会随着时间的增加而增加。而且因为 $a_{11} = a_{22}$，所以根据式 (3.3.7)，$z_1(t)$ 和 $z_2(t)$ 的变化速率是一样的，此时的相轨迹便是一条直线。读者可以自行推导在其他象限上的情况。

如果 $a_{11} \neq a_{22} > 0$，那么它的相轨迹如图 3.3.5 所示。因为两个变量的变化率不同，所以相轨迹是一条曲线，但仍然是远离平衡点位置的。在这种情况下，平衡点 z_{f} 称为**不稳定节点（Unstable Node）**。

类（2）：$a_{11} > 0$ 且 $a_{22} < 0$。

使用与类（1）相似的分析方法，首先分析坐标轴上的点，其中平衡点 $z_{1\mathrm{f}} = 0$ 是不稳定平衡点，$z_1(t)$ 会从初始位置向远离平衡点的方向移动。同时，因为 $a_{22} < 0$，所以在坐标轴纵轴上，一个偏离平衡点 $z_{2\mathrm{f}} = 0$ 的初始状态会向平衡点移动。例如在图 3.3.6(a) 中，初始位

(a) $a_{11} > a_{22} > 0$的相轨迹　　　　(b) $a_{22} > a_{11} > 0$的相轨迹

图 3.3.5　$a_{11} \neq a_{22} > 0$ 时的相平面分析

置为 $z_2(0) > 0$，此时 $\left.\dfrac{\mathrm{d}z_2(t)}{\mathrm{d}t}\right|_{t=0} = a_{22}z_2(0) < 0$。所以 $z_2(t)$ 将随着时间的增加递减，并逐渐靠近平衡点 $z_{2\mathrm{f}} = 0$。

(a) 坐标轴上的相轨迹　　　　(b) 平面上的相轨迹

图 3.3.6　$a_{11} > 0$ 且 $a_{22} < 0$ 时的相平面分析

　　得到坐标轴上的情况之后，便可以推导出整个相平面上的相轨迹，如图 3.3.6(b)所示。相轨迹会沿着横轴远离平衡点 $z_{1\mathrm{f}} = 0$ 的位置，同时沿着纵轴靠近平衡点 $z_{2\mathrm{f}} = 0$ 的位置。在此情况下，随着时间 t 趋于无穷，$z_2(t)$ 将收敛于平衡点 $z_{2\mathrm{f}} = 0$，而 $z_1(t)$ 将趋于正（负）无穷。

　　当 $a_{11} < 0$、$a_{22} > 0$ 时与上述分析类似，故不再赘述，读者可以自行推导。在这种情况下，平衡点 z_f 称为**鞍点**（**Saddle**），是一个不稳定的点。

　　类（3）：$a_{11} < 0$ 且 $a_{22} < 0$。

　　可以使用与类（1）相同的方式分析，故不再赘述。它的相轨迹如图 3.3.7 所示。其中，图 3.3.7(a)显示的情况是 $|a_{11}| = |a_{22}|$，所以 $z_1(t)$ 与 $z_2(t)$ 向平衡点收敛的速度是相同的。而在图 3.3.7(b)中，$|a_{11}| > |a_{22}|$，所以 $z_1(t)$ 的收敛速度会大于 $z_2(t)$ 的收敛速度。

　　在这种情况下，平衡点 z_f 称为**稳定节点**（**Stable Node**）。

$$(a)\ |a_{11}|=|a_{22}|的相轨迹 \qquad\qquad (b)\ |a_{11}|>|a_{22}|的相轨迹$$

图 3.3.7　$a_{11}<0$ 且 $a_{22}<0$ 时的相轨迹分析

3.3.3　二维相平面与相轨迹——一般形式

掌握了简化形式的二维系统相轨迹后,可以推广到一般形式。首先将式(3.3.5)解耦(对角化),定义一个新的状态变量 $\bar{z}(t)$,令 $z(t)=P\bar{z}(t)$。P 是过渡矩阵 $P=[v_1,v_2]$,其中 v_1 和 v_2 是矩阵 A 的特征向量。根据 3.3.2 节中的介绍,可得

$$\frac{\mathrm{d}}{\mathrm{d}t}\begin{bmatrix}\bar{z}_1(t)\\\bar{z}_2(t)\end{bmatrix}=\begin{bmatrix}\lambda_1 & 0\\0 & \lambda_2\end{bmatrix}\bar{z}(t) \qquad (3.3.9)$$

其中,λ_1 和 λ_2 是矩阵 A 的特征值。式(3.3.9)是一个对角矩阵,分析它的相轨迹可以使用 3.3.2 节的结论。下面通过几个例子深入地讨论一般形式矩阵的相轨迹。

例 3.3.2　分析二阶系统 $\dfrac{\mathrm{d}z(t)}{\mathrm{d}t}=Az$ 的相轨迹,其中 $A=\begin{bmatrix}-3 & 4\\-2 & 3\end{bmatrix}$。

解:首先求矩阵 A 的特征值,令 $|A-\lambda I|=0$,可得 $\begin{cases}\lambda_1=-1\\\lambda_2=1\end{cases}$,与其相对应的特征向量分别

为 $v_1=[2,1]^{\mathrm{T}}$,$v_2=[1,1]^{\mathrm{T}}$。令 $z(t)=P\bar{z}(t)$,其中 $P=[v_1,v_2]=\begin{bmatrix}2 & 1\\1 & 1\end{bmatrix}$,根据式(3.3.9),得到

$$\frac{\mathrm{d}}{\mathrm{d}t}\begin{bmatrix}\bar{z}_1(t)\\\bar{z}_2(t)\end{bmatrix}=\begin{bmatrix}-1 & 0\\0 & 1\end{bmatrix}\bar{z}(t) \qquad (3.3.10)$$

式(3.3.10)所示矩阵 A 的特征值都是实数且符号相反,这种情况和 3.3.2 节中讨论的类(2)是一样的,如前面所分析的,平衡点 $\bar{z}_{\mathrm{f}}=[0,0]^{\mathrm{T}}$ 是一个鞍点。它的相轨迹如图 3.3.8(a)所示,$\bar{z}_1(t)$ 随着时间增加而靠近平衡点,$\bar{z}_2(t)$ 随着时间增加而远离平衡点。式(3.3.10)中 $\bar{z}(t)$ 的解为

$$\bar{z}(t)=\begin{bmatrix}\bar{z}_1(t)\\\bar{z}_2(t)\end{bmatrix}=\begin{bmatrix}C_1\mathrm{e}^{-t}\\C_2\mathrm{e}^{t}\end{bmatrix} \qquad (3.3.11)$$

其中,C_1、C_2 为两个常数,和初始条件 $\bar{z}(t_0)$ 相关。

此时原始状态变量 $z(t)$ 为

$$z(t) = P\bar{z}(t) = \begin{bmatrix} 2 & 1 \\ 1 & 1 \end{bmatrix} \begin{bmatrix} C_1 e^{-t} \\ C_2 e^t \end{bmatrix} = \begin{bmatrix} 2C_1 e^{-t} + C_2 e^t \\ C_1 e^{-t} + C_2 e^t \end{bmatrix} = C_1 e^{-t} \begin{bmatrix} 2 \\ 1 \end{bmatrix} + C_2 e^t \begin{bmatrix} 1 \\ 1 \end{bmatrix}$$

$$(3.3.12)$$

式(3.3.12)说明 $z(t)$ 是 $\bar{z}(t)$ 通过矩阵 P 的线性变换，在通过这个线性变换之后，相轨迹将

从 $\bar{z}(t) = \begin{bmatrix} \bar{z}_1(t) \\ \bar{z}_2(t) \end{bmatrix}$ 映射到 $z(t) = \begin{bmatrix} z_1(t) \\ z_2(t) \end{bmatrix}$ 上。如图 3.3.8(b)所示，从直观上看，这个线性

变换将 $\bar{z}_1(t)$ 和 $\bar{z}_2(t)$ 两个坐标轴沿着图中箭头的方向旋转到 v_1 和 v_2 上，那么相轨迹也会

被相应地"拉长"与"压扁"。$z(t)$ 的相轨迹如图 3.3.8(c)所示。更为重要的是，这个线性变

化不会改变平衡点的性质，因此平衡点 z_f 的性质与 $\bar{z}_f$ 保持一致，是一个**鞍点**。这也可以通

过式(3.3.12)得到验证：例如在某种初始条件下，$C_2 = 0$，可得 $\begin{bmatrix} z_1(t) \\ z_2(t) \end{bmatrix} = C_1 e^{-t} \begin{bmatrix} 2 \\ 1 \end{bmatrix}$，说明随

着时间的增加，$z_1(t)$ 和 $z_2(t)$ 将沿着 $v_1 = [2,1]^T$ 这条直线向 $[0,0]^T$ 移动（相对应的指数部

分为 $\lambda_1 = -1$）。同理，当 $C_1 = 0$ 时，$\begin{bmatrix} z_1(t) \\ z_2(t) \end{bmatrix} = \begin{bmatrix} C_2 e^t \\ C_2 e^t \end{bmatrix}$，这说明随着时间的增加，$z_1(t)$ 和

$z_2(t)$ 将沿着 $v_2 = [1,1]^T$ 这条直线趋于无穷（对应的指数部分为 $\lambda_2 = 1$）。

(a) $\bar{z}(t)$ 的相轨迹　　(b) $\bar{z}(t)$ 通过矩阵 P 线性变换　　(c) $z(t)$ 的相轨迹

图 3.3.8　例 3.3.2 的相轨迹分析

例 3.3.3　分析二阶系统 $\dfrac{dz(t)}{dt} = Az(t)$ 的相轨迹，其中 $A = \begin{bmatrix} 3 & -2 \\ 1 & 0 \end{bmatrix}$。

解：矩阵 A 的特征值为 $\begin{cases} \lambda_1 = 1 \\ \lambda_2 = 2 \end{cases}$，因此平衡点 z_f 是一个**不稳定节点**。相轨迹的分析方法

同例 3.3.2，故不再赘述。

例 3.3.4　分析二阶系统 $\dfrac{dz(t)}{dt} = Az(t)$ 的相轨迹，其中 $A = \begin{bmatrix} -3 & 2 \\ -1 & 0 \end{bmatrix}$。

解：矩阵 A 的特征值为 $\begin{cases} \lambda_1 = -1 \\ \lambda_2 = -2 \end{cases}$，因此平衡点 z_f 是一个**稳定的节点**。相轨迹的分析方

法同例 3.3.2,故不再赘述。

例 3.3.3 和例 3.3.4 的相轨迹如图 3.3.9 所示,请读者自行推导。

(a) 例3.3.3的相轨迹　　　　　(b) 例3.3.4的相轨迹

图 3.3.9　例 3.3.3 与例 3.3.4 的相轨迹分析

例 3.3.5　分析二阶系统 $\dfrac{\mathrm{d}z(t)}{\mathrm{d}t}=Az(t)$ 的相轨迹,其中 $A=\begin{bmatrix} 0 & 4 \\ -1 & 0 \end{bmatrix}$。

解:首先求解矩阵 A 的特征值与特征向量,可得

$$\begin{cases} \lambda_1=2\mathrm{j} \\ \lambda_2=-2\mathrm{j} \end{cases}, \quad \begin{cases} \boldsymbol{v}_1=\begin{bmatrix} 2 \\ \mathrm{j} \end{bmatrix} \\ \boldsymbol{v}_2=\begin{bmatrix} 2 \\ -\mathrm{j} \end{bmatrix} \end{cases} \tag{3.3.13}$$

式(3.3.13)说明矩阵 A 的特征值是一对共轭复数,而且它不存在实数特征向量(特征向量无法在相平面中表达出来)。前面例子的处理方法将无法使用,因此需要从解入手分析。首先令 $z(t)=P\bar{z}(t)$,其中 $P=[\boldsymbol{v}_1,\boldsymbol{v}_2]=\begin{bmatrix} 2 & 2 \\ \mathrm{j} & -\mathrm{j} \end{bmatrix}$,可得

$$\frac{\mathrm{d}}{\mathrm{d}t}\begin{bmatrix} \bar{z}_1(t) \\ \bar{z}_2(t) \end{bmatrix}=\begin{bmatrix} 2\mathrm{j} & 0 \\ 0 & -2\mathrm{j} \end{bmatrix}\bar{z}(t) \tag{3.3.14}$$

式(3.3.14)的解为

$$\bar{z}(t)=\begin{bmatrix} \bar{z}_1(t) \\ \bar{z}_2(t) \end{bmatrix}=\begin{bmatrix} C_1\mathrm{e}^{\mathrm{j}2t} \\ C_2\mathrm{e}^{-\mathrm{j}2t} \end{bmatrix} \tag{3.3.15}$$

根据欧拉公式 $\mathrm{e}^{\mathrm{j}t}=\cos t+\mathrm{j}\sin t$,式(3.3.15)可以写成

$$\bar{z}(t)=\begin{bmatrix} \bar{z}_1(t) \\ \bar{z}_2(t) \end{bmatrix}=\begin{bmatrix} C_1\cos 2t+C_1\mathrm{j}\sin 2t \\ C_2\cos 2t-C_2\mathrm{j}\sin 2t \end{bmatrix} \tag{3.3.16}$$

将式(3.3.16)代入 $z(t)=P\bar{z}(t)$,可得

$$z(t)=\begin{bmatrix} 2 & 2 \\ \mathrm{j} & -\mathrm{j} \end{bmatrix}\begin{bmatrix} C_1\cos 2t+C_1\mathrm{j}\sin 2t \\ C_2\cos 2t-C_2\mathrm{j}\sin 2t \end{bmatrix}=\begin{bmatrix} 2C_1\cos 2t+2C_1\mathrm{j}\sin 2t+2C_2\cos 2t-2C_2\mathrm{j}\sin 2t \\ \mathrm{j}C_1\cos 2t-C_1\sin 2t-\mathrm{j}C_2\cos 2t-C_2\sin 2t \end{bmatrix}$$

$$=\begin{bmatrix} 2(C_1+C_2)\cos 2t+2(C_1-C_2)\mathrm{j}\sin 2t \\ (C_1-C_2)\mathrm{j}\cos 2t-(C_1+C_2)\sin 2t \end{bmatrix} \tag{3.3.17}$$

令 $C_1+C_2=B_1$，$C_1-C_2=B_2$，则式（3.3.17）化简为

$$z(t)=\begin{bmatrix}z_1(t)\\z_2(t)\end{bmatrix}=\begin{bmatrix}2B_1\cos2t+2B_2\mathrm{j}\sin2t\\B_2\mathrm{j}\cos2t-B_1\sin2t\end{bmatrix} \tag{3.3.18}$$

根据式（3.3.18）可得

$$\left(\frac{z_1(t)}{2}\right)^2+z_2^2(t)=(B_1\cos2t+B_2\mathrm{j}\sin2t)^2+(B_2\mathrm{j}\cos2t-B_1\sin2t)^2$$

$$=B_1^2\cos^22t+2B_1B_2\mathrm{j}\cos2t\sin2t-B_2^2\sin^22t-$$

$$B_2^2\cos^22t-2B_1B_2\mathrm{j}\cos2t\sin2t+B_1^2\sin^22t$$

$$=B_1^2\cos^22t-B_2^2\sin^22t-B_2^2\cos^22t+B_1^2\sin^22t$$

$$=(B_1^2-B_2^2)\cos^22t+(B_1^2-B_2^2)\sin^22t=(B_1^2-B_2^2)(\cos^22t+\sin^22t)$$

$$=B_1^2-B_2^2 \tag{3.3.19}$$

将 $C_1+C_2=B_1$，$C_1-C_2=B_2$ 代入式（3.3.19）可得

$$\left(\frac{z_1(t)}{2}\right)^2+z_2^2(t)=(C_1+C_2)^2-(C_1-C_2)^2=4C_1C_2 \tag{3.3.20}$$

两边同时乘以 $\frac{1}{4C_1C_2}$，整理后可得

$$\left(\frac{z_1(t)}{4\sqrt{C_1C_2}}\right)^2+\left(\frac{z_2(t)}{2\sqrt{C_1C_2}}\right)^2=1 \tag{3.3.21}$$

式（3.3.21）是一个以原点为中心的椭圆方程，这说明 $z_1(t)$ 和 $z_2(t)$ 在相平面中沿着一个椭圆的轨迹运行，如图3.3.10所示。在这种情况下，平衡点 z_f 称为**中心点（Center）**，相轨迹会围绕着这个中心点做圆周运动。判断相轨迹的运动方向，可以以一个在横轴的点进行分析，例如选择状态在横轴 $\begin{bmatrix}z_1(0)\\z_2(0)\end{bmatrix}=\begin{bmatrix}z_1(0)\\0\end{bmatrix}$（如图3.3.10所示，选择 $z_1(0)>0$ 的点进

行分析。此时根据状态空间方程 $\frac{\mathrm{d}z(t)}{\mathrm{d}t}=\begin{bmatrix}0&4\\-1&0\end{bmatrix}z(t)$，可得 $\begin{bmatrix}\dfrac{\mathrm{d}z_1(t)}{\mathrm{d}t}\\\dfrac{\mathrm{d}z_2(t)}{\mathrm{d}t}\end{bmatrix}=\begin{bmatrix}0\\-z_1(0)\end{bmatrix}$。在

这一时刻，$\dfrac{\mathrm{d}z_1(t)}{\mathrm{d}t}\Big|_{t=0}=0$，所以 $z_1(t)$ 不会随时间改变。而 $\dfrac{\mathrm{d}z_2(t)}{\mathrm{d}t}\Big|_{t=0}=-z_1(0)<0$，所以 $z_2(t)$ 会随着时间的增加而减小。在相轨迹中，$z_2(t)$ 在 $t=0$ 时的移动趋势指向下方，所以相轨迹在图中按照顺时针移动。图3.3.10(b)显示了 $z_1(t)$ 和 $z_2(t)$ 随时间的变化。可以发现，$z_1(t)$ 和 $z_2(t)$ 此消彼长，循环往复。如果从能量的角度来分析，它们的总能量取决于初始状态 $z(0)$，不会随着时间发生改变。所以这个系统在稳定与不稳定之间，$z(t)$ 始终有界但始终不为0。

例3.3.6 分析二阶系统 $\dfrac{\mathrm{d}z(t)}{\mathrm{d}t}=Az(t)$ 的相轨迹，其中 $A=\begin{bmatrix}1&-2\\2&1\end{bmatrix}$。

解：首先求解矩阵 A 的特征值，可得

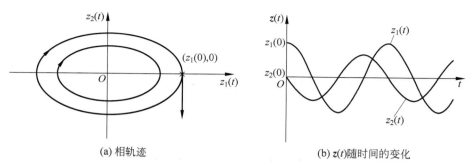

(a) 相轨迹　　　　　　　　(b) $z(t)$ 随时间的变化

图 3.3.10　例 3.3.5 的相轨迹分析

$$\begin{cases} \lambda_1 = 1 + 2\mathrm{j} \\ \lambda_2 = 1 - 2\mathrm{j} \end{cases} \tag{3.3.22}$$

矩阵 $\boldsymbol{A}$ 的特征值是共轭的复数,但与例 3.3.5 不同,它包含了实部部分。分析它的解,令 $\boldsymbol{z}(t) = \boldsymbol{P}\bar{\boldsymbol{z}}(t)$,其中 $\boldsymbol{P} = [\boldsymbol{v}_1, \boldsymbol{v}_2]$,可得

$$\frac{\mathrm{d}}{\mathrm{d}t} \begin{bmatrix} \bar{z}_1(t) \\ \bar{z}_2(t) \end{bmatrix} = \begin{bmatrix} 1+2\mathrm{j} & 0 \\ 0 & 1-2\mathrm{j} \end{bmatrix} \bar{\boldsymbol{z}}(t) \tag{3.3.23}$$

式(3.3.23)的解为

$$\bar{\boldsymbol{z}}(t) = \begin{bmatrix} \bar{z}_1(t) \\ \bar{z}_2(t) \end{bmatrix} = \begin{bmatrix} C_1 \mathrm{e}^{(1+\mathrm{j}2)t} \\ C_2 \mathrm{e}^{(1-\mathrm{j}2)t} \end{bmatrix} = \mathrm{e}^t \begin{bmatrix} C_1 \mathrm{e}^{\mathrm{j}2t} \\ C_2 \mathrm{e}^{-\mathrm{j}2t} \end{bmatrix} \tag{3.3.24}$$

可以发现,它和式(3.3.15)的差别在于一个系数 e^t,而 e^t 是随着时间的增加而不断增大的。因此其相轨迹如图 3.3.11(a)所示,它与图 3.3.10(a)类似,以原点为中心做圆周运动,但是直径在不断地扩大,形成了一个向外的螺旋线(本例中,螺旋线的方向是逆时针的,如例 3.3.5 所分析,可以通过坐标轴上一点进行判断,故不赘述)。$z(t)$ 随时间变化的示意图如图 3.3.11(b)所示,会持续地振荡且振幅不断地加强。在这种情况下,平衡点 $\boldsymbol{z}_\mathrm{f}$ 称为**不稳定焦点**(**Unstable Spiral**)。

(a) 相轨迹　　　　　　　　(b) $z(t)$ 随时间的变化

图 3.3.11　例 3.3.6 的相轨迹分析

例 3.3.7　分析二阶系统 $\dfrac{\mathrm{d}z(t)}{\mathrm{d}t} = \boldsymbol{A}z(t)$ 的相轨迹,其中 $\boldsymbol{A} = \begin{bmatrix} -4 & 2 \\ -5 & -2 \end{bmatrix}$。

解：求解矩阵 $\boldsymbol{A}$ 的特征值,可得

$$\begin{cases} \lambda_1 = -3 + 3\mathrm{j} \\ \lambda_2 = -3 - 3\mathrm{j} \end{cases} \tag{3.3.25}$$

与例 3.3.6 类似,可以判断出它的平衡点是一个**稳定焦点**(**Stable Spiral**)。相轨迹将沿螺旋线指向原点。其所对应的时间函数将振荡衰减,直至为 0。它的相轨迹和时间函数如图 3.3.12 所示。

(a) 相轨迹   (b) 时间函数

图 3.3.12　例 3.3.7 的相轨迹分析

上述例子说明,状态矩阵 A 的特征值将决定平衡点的类型及系统的表现。表 3.3.1 总结了特征值与平衡点类型的关系。通过上述分析和表 3.3.1 可知,状态矩阵 A 的特征值实部部分决定了平衡点的稳定性,而特征值的虚部部分决定了系统是否会有振动。

表 3.3.1　状态矩阵 A 的特征值与平衡点类型

$\lambda_{1,2} = \sigma \pm \mathrm{j}\omega$	特征值 λ_1, λ_2 分类与说明		平衡点类型
特征值为实数 ($\omega = 0$)	$\lambda_1\lambda_2 > 0$ 且 $\lambda_1 + \lambda_2 < 0$	λ_1 和 λ_2 都为负数	稳定节点
	$\lambda_1\lambda_2 < 0$	λ_1 和 λ_2 一正一负	鞍点
	$\lambda_1\lambda_2 > 0$ 且 $\lambda_1 + \lambda_2 > 0$	λ_1 和 λ_2 都为正数	不稳定节点
特征值为复数 ($\omega \neq 0$)	$\lambda_{1,2} = \pm \mathrm{j}\omega$	特征值为纯虚数	中心点
	$\lambda_{1,2} = \sigma \pm \mathrm{j}\omega(\sigma > 0)$	实部大于 0	不稳定焦点
	$\lambda_{1,2} = \sigma \pm \mathrm{j}\omega(\sigma < 0)$	实部小于 0	稳定焦点

正如在 3.2.2 节中所描述的,状态矩阵的特征值就是其对应的传递函数的极点。希望读者可以把这两种描述系统的方法结合起来分析思考。另外,请读者开始思考一个问题,如果设计一个反馈控制器(即系统的输入是状态变量的一个函数),使得状态变量稳定于一个平衡点,那么这个控制器应该满足什么条件? 相关分析请见第 10 章。

3.4　相平面案例分析——爱情故事

3.3 节详细讨论了使用相轨迹分析状态空间方程平衡点类型的方法。在本节中,将通过一个案例帮助读者加深对这部分内容的理解,希望这个有趣的例子可以引起读者的兴趣与思考。另外,本节将介绍动态系统分析的思路与讨论方法,这种思路和讨论方法可以作为模板使用在论文写作和学术报告中。动态系统的分析可以分为三个步骤:第一步**描述系**

统,即通过语言来描述系统的特性;第二步**数学分析**,即使用数学工具对系统进行量化解析;第三步**结果与讨论**,即根据第二步数学分析的结果,进行深层次的思考与讨论。

爱情是永恒的主题,每个人都有自己的故事。康奈尔大学应用数学系教授 Steven Strogatz 在 1988 年首先将爱情模型引入相轨迹分析的教学中。他当时在哈佛大学做博士后,根据课堂的经验引入了这一模型。他选用的是莎翁笔下的著名人物——罗密欧与朱丽叶。之后很多教师都纷纷使用这一概念来引起同学们的兴趣,而每一个教师也会在其中加入自己的思考与分析。

为了使本书读者有更好的代入感,我将选用两个中国人的名字,来自于我的两位朋友,男生叫雨飞,女生叫梦寒,如图 3.4.1 所示。其中,雨飞对梦寒的感情用 $Y(t)$ 来表示,梦寒对雨飞的感情用 $M(t)$ 来表示。$Y(t)$ 与 $M(t)$ 大于零时说明他们是相爱的,小于零时说明他们心有怨恨,等于零时说明他们对对方无感。

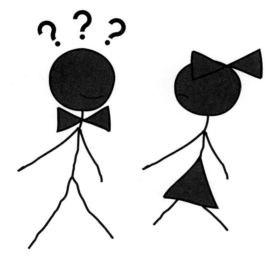

图 3.4.1 爱情故事:雨飞和梦寒

分以下几种情况进行讨论。

情况(1):$\dfrac{\mathrm{d}}{\mathrm{d}t}\begin{bmatrix}Y(t)\\M(t)\end{bmatrix}=\boldsymbol{A}\begin{bmatrix}Y(t)\\M(t)\end{bmatrix}$,其中 $\boldsymbol{A}=\begin{bmatrix}0&a\\-b&0\end{bmatrix}$,$a>0$ 且 $b>0$。

第一步:描述系统。

从上式可以看出,雨飞是一个耿直男孩。他的表现是:如果你对我好($M(t)>0$),我就会对你产生好感 $\left(\dfrac{\mathrm{d}Y(t)}{\mathrm{d}t}=aM(t)>0\right)$;如果你讨厌我($M(t)<0$),我也不搭理你 $\left(\dfrac{\mathrm{d}Y(t)}{\mathrm{d}t}=aM(t)<0\right)$。他属于"投桃报李"加"以牙还牙"的性格。这种性格过于直来直去,在现实生活中其实不太容易受到欢迎。

而梦寒则是一个多情甚至有些矫情的女孩。当雨飞向他嘘寒问暖时($Y(t)>0$),她爱答不理,你越热情,她就越远离 $\left(\dfrac{\mathrm{d}M(t)}{\mathrm{d}t}=-bY(t)<0\right)$。而当雨飞开始疏远她时($Y(t)<0$),她又发现了雨飞身上的优点,不可控制地开始爱上他 $\left(\dfrac{\mathrm{d}M(t)}{\mathrm{d}t}=-bY(t)>0\right)$。即"欲迎还拒"加"若即若离"的性格。当这两种性格遇到一起,就会发生一些奇妙的事情。

第二步:数学分析。

首先求系统的平衡点,令 $\dfrac{\mathrm{d}}{\mathrm{d}t}\begin{bmatrix} Y(t) \\ M(t) \end{bmatrix}=0$,得到平衡点 $\begin{cases} Y_\mathrm{f}=0 \\ M_\mathrm{f}=0 \end{cases}$。

求矩阵 A 的特征值,可得 $\lambda_{1,2}=\pm\sqrt{ab}\,\mathrm{j}$。根据表 3.3.1,判断出平衡点是一个中心点。它的相轨迹是图 3.4.2 所示的椭圆(参考例 3.3.5)。根据初始状态的不同,这个椭圆的大小会有所不同。

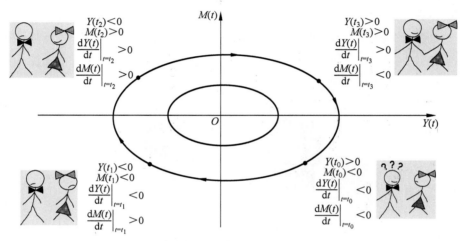

图 3.4.2 情况(1)的相轨迹

第三步:结果与讨论。

分析图 3.4.2 中的相轨迹,会发现他们之间是一个无限循环、爱恨交织的关系。例如,以第四象限的 $[Y(t_0),M(t_0)]^\mathrm{T}$ 点作为初始条件开始分析。在 t_0 时刻,$Y(t_0)>0$ 代表雨飞爱着梦寒,而 $M(t_0)<0$ 则代表梦寒正在讨厌着雨飞。此时,$\dfrac{\mathrm{d}Y(t)}{\mathrm{d}t}\Big|_{t=t_0}=aM(t_0)<0$,说明了因为梦寒讨厌雨飞,所以雨飞对她的热情也在减少当中。直到过了某个临界点之后,相轨迹来到了第三象限,雨飞开始讨厌梦寒了,$Y(t_1)<0$。而这时 $\dfrac{\mathrm{d}M(t)}{\mathrm{d}t}\Big|_{t=t_1}>0$,说明梦寒对雨飞的态度发生了转变,虽然还是讨厌,但因为雨飞开始不搭理她,她反而想起了雨飞的好,$M(t)$ 开始增加,向正方向移动。二人的关系继续发展到下一个临界点(进入第二象限),此时的雨飞已经非常讨厌梦寒,而梦寒却开始喜欢上雨飞($M(t_2)>0$)。随着梦寒态度变得亲近,雨飞的热情又重新被燃了起来,此时 $\dfrac{\mathrm{d}Y(t)}{\mathrm{d}t}\Big|_{t=t_2}>0$。沿着这个椭圆继续走,相轨迹进入第一象限,雨飞又开始喜欢梦寒($Y(t_3)>0$),但梦寒却因为受不了他的热情,逐渐变得冷淡了起来,$\dfrac{\mathrm{d}M(t)}{\mathrm{d}t}\Big|_{t=t_3}<0$。

就这样,他们有四分之一时间是相爱的(第一象限),有四分之一时间是互相看不顺眼的(第三象限)。而剩下的二分之一时间是一半火焰,一半海洋(第二、四象限)。这是个不错的关系,也是情侣之间的常态。因为即使在这互不顺眼的四分之一时间内,也充满了对未来的期望和憧憬。

那是一场不见不散

终点等时间来宣判

离别不过是换一种方式的陪伴

这一刻让我凝望你的眼

——张磊《一念天堂》

情况（2）：$\dfrac{\mathrm{d}}{\mathrm{d}t}\begin{bmatrix}Y(t)\\M(t)\end{bmatrix}=\boldsymbol{A}\begin{bmatrix}Y(t)\\M(t)\end{bmatrix}$，其中 $\boldsymbol{A}=\begin{bmatrix}-a&b\\b&-a\end{bmatrix}$，$a>0$ 且 $b>0$。

第一步：描述这种情况下的爱情系统。

以雨飞为例，$\dfrac{\mathrm{d}Y(t)}{\mathrm{d}t}=-aY(t)+bM(t)$，说明雨飞的感情变化 $\dfrac{\mathrm{d}Y(t)}{\mathrm{d}t}$ 和梦寒对其的感情 $M(t)$ 是正相关的。如果雨飞感受到的是梦寒的爱（$M(t)>0$），那么就会促进雨飞对梦寒感情的增长（$bM(t)>0$），而如果他感受到的是梦寒的恨（$M(t)<0$），那么他对梦寒的感情也会受挫（$bM(t)<0$）。同时，雨飞的感情变化 $\dfrac{\mathrm{d}Y(t)}{\mathrm{d}t}$ 还与他自身对梦寒的感情反相关，因为其中包含了 $-aY(t)$ 这一项。这说明了他很小心，不管是爱或恨都会有所保留，有所克制。因为矩阵 $\boldsymbol{A}$ 是一个对称矩阵，所以梦寒的性格和雨飞是一样的。

第二步：对这个系统进行数学分析。

首先求系统的平衡点，令 $\dfrac{\mathrm{d}}{\mathrm{d}t}\begin{bmatrix}Y(t)\\M(t)\end{bmatrix}=0$，可以得到平衡点 $\begin{cases}Y_\mathrm{f}=0\\M_\mathrm{f}=0\end{cases}$

求矩阵 $\boldsymbol{A}$ 的特征值，可得

$$\begin{cases}\lambda_1=-a+b\\\lambda_2=-a-b\end{cases}\tag{3.4.1}$$

其所对应的特征向量为

$$\begin{cases}\boldsymbol{v}_1=[1,1]^\mathrm{T}\\\boldsymbol{v}_2=[1,-1]^\mathrm{T}\end{cases}\tag{3.4.2}$$

这时需要分情况进行讨论。

情况（2.1）：$a>b$。

在这种情况下，他们两个人对于自我的意识要超过对于对方的感情，换言之，他们都很理智，都更倾向于克制自己的情感。根据式（3.4.1），当 $a>b$ 时，$\lambda_1<0$ 且 $\lambda_2<0$，所以平衡点是一个稳定节点。它的相轨迹如图 3.4.3（a）所示，无论是从任何的初始状态开始，随着时间的增加，$Y(t)$ 和 $M(t)$ 都会趋于 0，并最终稳定在 0 点处。在这种情况下，不管他们曾经爱得有多深，或是恨得有多深，随着时间的增加，雨飞与梦寒终究会成为路人，相忘于江湖，$Y(t)=M(t)=0$。

十年之后

我们是朋友，还可以问候，只是那种温柔

再也找不到拥抱的理由

情人最后难免沦为朋友

——陈奕迅《十年》

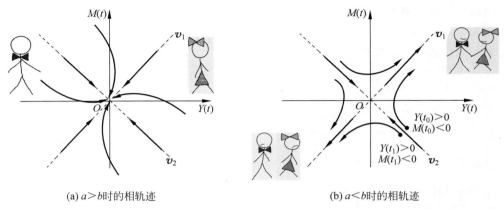

(a) $a>b$时的相轨迹   (b) $a<b$时的相轨迹

图 3.4.3 情况（2）的相轨迹

情况（2.2）：$a<b$。

在这种情况下,他们两个人对于对方的感情都超过了对于自我的意识,他们都很感性,都更加勇于表达对对方的情感。根据式(3.4.1),当 $a<b$ 时,$\lambda_1>0$ 而 $\lambda_2<0$,所以平衡点是一个鞍点。它的相轨迹如图 3.4.3(b)所示。可以发现,这将导致两种极端的情况,他们或者在第一象限共浴爱河($Y(t)>0$ 且 $M(t)>0$),或者在第三象限成为仇敌($Y(t)<0$ 且 $M(t)<0$)。而最终的结果与初始状态相关,即他们给对方的第一印象。

如果他们初次见面时对对方的感受在图 3.4.3(b)所示的第四象限中的 $[Y(t_0),M(t_0)]^{\mathrm{T}}$ 点,在此时刻,雨飞深爱着梦寒($Y(t_0)>0$),但是梦寒却不喜欢雨飞($M(t_0)<0$)。在以后的交往中,梦寒对雨飞的感情逐渐升温,可以看到 $M(t)$ 在相轨迹中向上移动(增加)。而雨飞虽然动摇过($Y(t)$ 在不断减小),但是却仍然一直爱着梦寒($Y(t)>0$)。终于,他们突破了零界点,进入第一象限。两个人开始过上了幸福的生活。相反地,如果他们初次见面时的感受在图 3.4.3(b)所示的第四象限中的 $[Y(t_1)M(t_1)]^{\mathrm{T}}$ 点,这个时候,雨飞爱着梦寒($Y(t_1)>0$),但是梦寒非常讨厌雨飞($M(t_1)<0$)。在后面的发展中,虽然梦寒的感情在升温,但是雨飞却先坚持不住了,终于达到零界点并且崩溃(相轨迹进入第三象限),他们最终由爱生恨,变成了仇人。所以,一定要珍惜第一次亮相的机会,不要等到和心上人见面以后才想起来要充实自己或是做身材管理,初始条件将决定最后的结果,要时刻做好准备,给对方留下惊艳的初次印象。

> 假如我年少有为不自卑
>
> 懂得什么是珍贵
>
> 那些美梦
>
> 没给你,我一生有愧
>
> ——李荣浩《年少有为》

第三步：结果与讨论。

上面的结果说明当一个人过于理性,过于在乎自我的时候($a>b$),往往就会忽略别人的感受,最终会和心上人变为路人,成为一个孤独的人。而如果对对方倾入的情感大于对自我的意识时（$a<b$），则会有两种结果，要么共浴爱河，要么因爱生恨。通过这个分析可以得出两个结论：①有很多人愿意一辈子做朋友，却不愿意去打破这个微妙的平衡。②如果不认真的话，那肯定赢不了；但是如果认真的话，那就有可能会输了。

最后要说明的是，希望通过这个例子引起读者的兴趣并加深对相轨迹的理解。但在我看来，请读者朋友们千万不要试图用数学的方式来解决爱情问题。因为生活当中有太多的不确定性，我们无法准确地建立爱情的数学模型。即使有一天，新的技术手段可以准确地预测这些不确定性，我也不愿意这样去做。因为我认为，正是这些不确定性，才让这个世界如此浪漫，如此美丽。

少一些套路，多一点真诚，才是面对爱情和生活最正确的态度。值得一提的是，本例中我的两位朋友最后幸福地生活在了一起。

谁画出这天地

又画下我和你

让我们的世界绚丽多彩

——许巍《旅行》

3.5　本章要点总结

- **状态空间表达形式**：
  - 用一系列的一阶微分方程表达系统的输入、输出及状态变量。其一般形式为

$$\begin{cases} \dfrac{\mathrm{d}z(t)}{\mathrm{d}t} = Az(t) + Bu(t) \\ y(t) = Cz(t) + Du(t) \end{cases}$$

  其中，符号定义与维度如表 3.1.1 所示。
  - 状态矩阵的**特征值**与其所对应的单输入单输出传递函数的**极点**相同。根据第 2 章的内容，极点决定系统的表现，状态矩阵的特征值是研究的重点。
- **相平面与相轨迹分析**：
  - 利用矩阵特征值与特征向量的性质可以将矩阵对角化，从而将系统解耦。
  - 利用图形的方法，可以直观地分析复杂的非线性一阶系统平衡点的表现。
  - 二阶系统平衡点的性质由状态矩阵的特征值决定，具体见表 3.3.1。
- **动态系统的分析方法**：
  - 第一步，描述系统。通过语言来描述系统的特性。
  - 第二步，数学分析。使用数学工具对系统进行解析。
  - 第三步，结果与讨论。分析的结果，进行深层次的思考与讨论。

一阶系统的时域响应分析

使用一阶微分方程描述的动态系统被称为一阶系统。本章将使用传递函数和状态空间方程来分析一阶系统的时域响应与性能特征。**本章的学习目标为：**

- 了解典型系统输入信号的含义和数学表达式：包括单位冲激输入和单位阶跃输入。
- 掌握使用传递函数和状态空间方程的方法分析一阶系统的时域响应，并体会两种方式各自的优势。
- 掌握一阶系统性能指标的推导方法和意义。
- 了解一阶动态系统的应用。

4.1 引子——案发时间是几点

请读者试想以下的场景（如图 4.1.1 所示）：你是一名侦探，应邀去调查一起密室杀人案件。基于职业习惯，你在进入房间的时候看了一眼手表，记录下此刻的时间是下午 2：30。死者正躺在密室的地板上，你拿出温度枪，测得此刻尸体的温度是 26℃。你开始对房间展开调查并寻找蛛丝马迹。这是一个密闭的空间，有一套完善的空调系统可以将室温准确地保持在 20℃。空调控制器也没有被动过的痕迹，因此可以断定尸体一直保存在 20℃ 的环境下。调查取证用了 1 小时的时间，在收集完所有物证之后时钟指向下午 3：30。此时再次测量尸体的温度，已经降低到了 25℃。你了解到死者进入现场之前曾经测量过体温，是标

图 4.1.1 案发时间是几点？

准的 37℃。此时,你思考了一下,在本子上演算并得出结论:本案案发时间是⋯⋯(答案将在 4.3 节揭晓。)

在现实生活中,法医判断案发时间是一门综合性很强的技术,需要收集多方因素进行分析演算才能得到精确的结果。上述的例子属于理想状态(密室且恒温),因此可以使用简单的牛顿冷却定律进行分析。牛顿冷却定律的动态微分方程是

$$\frac{\mathrm{d}T(t)}{\mathrm{d}t} = -K(T(t) - C(t)) \tag{4.1.1}$$

其中,$T(t)$ 是物体温度,$C(t)$ 是环境温度,K 是导热系数。式(4.1.1)是一个一阶微分方程,所以其对应的系统是一阶动态系统。设系统的输入 $u(t)$ 是环境温度,即 $u(t) = C(t)$,系统的输出是物体温度,即 $x(t) = T(t)$。将上述定义代入式(4.1.1)并进行调整,可得

$$\frac{\mathrm{d}x(t)}{\mathrm{d}t} + Kx(t) = Ku(t) \tag{4.1.2}$$

对式(4.1.2)等号两边分别进行拉普拉斯变换,得到

$$sX(s) - x(0) + KX(s) = KU(s) \tag{4.1.3}$$

其中,$x(0)$ 是系统的初始条件,在本例中则是初始体温,即 $x(0) = 37℃$。式(4.1.3)可以写为

$$(s + K)X(s) = K\left(\frac{1}{K}x(0) + U(s)\right) \tag{4.1.4}$$

系统的传递函数为

$$G(s) = \frac{X(s)}{\frac{1}{K}x(0) + U(s)} = \frac{K}{s + K} \tag{4.1.5}$$

式(4.1.5)说明系统的输入由两部分相加而成,定义 $U_1(s) = \frac{1}{K}x(0)$,$U_2(s) = U(s)$,得到

$$G(s) = \frac{X(s)}{U_1(s) + U_2(s)} = \frac{K}{s + K} \tag{4.1.6}$$

根据线性时不变系统的叠加性质,系统的输出则是对应于这两个输入响应(定义为 $X_1(s)$ 和 $X_2(s)$)的和,即

$$X(s) = X_1(s) + X_2(s) \tag{4.1.7}$$

在本例中,这两个输入分别是冲激输入 $U_1(s)$ 和阶跃输入 $U_2(s)$,所对应的响应则是**冲激响应**和**阶跃响应**,我们暂时从这个密室走出来,首先来分析一阶系统的时域响应。等到掌握了这些基本知识之后,再回到密室揭秘案发时间。

4.2 一阶系统的时域响应

4.2.1 典型一阶系统和典型系统输入信号

典型一阶系统的微分方程为

$$\frac{\mathrm{d}x(t)}{\mathrm{d}t} + ax(t) = au(t) \tag{4.2.1}$$

其中,a 是一个常数。考虑零初始条件 $x(0)=u(0)=0$,对式(4.2.1)等号两边进行拉普拉斯变换,可得

$$sX(s)+aX(s)=aU(s) \qquad (4.2.2)$$

调整后可以得到系统的传递函数为

$$G(s)=\frac{X(s)}{U(s)}=\frac{a}{s+a} \qquad (4.2.3)$$

$G(s)$ 的极点是 $s_{\mathrm{p}}=-a$。

下面介绍两个典型的系统输入信号。

单位冲激函数(见 2.1.1 节),定义为

$$\begin{cases} \delta(t)=0, t \neq 0 \\ \displaystyle\int_{-\infty}^{\infty} \delta(t)\mathrm{d}t=1 \end{cases} \qquad (4.2.4)$$

其拉普拉斯变换为

$$\mathcal{L}\big[\delta(t)\big]=\int_{0}^{\infty} \delta(t)\mathrm{e}^{-st}\,\mathrm{d}t=\mathrm{e}^{-s0}=1 \qquad (4.2.5)$$

单位阶跃函数(**Unit Step**):读者可以在英语国家的一些公共场所看到小心台阶(Watch Your Step)的警示牌,如图 4.2.1(a)所示。"阶跃"(Step)可以理解为一个台阶。"单位"阶跃是指幅度为 1 的阶跃函数,如图 4.2.1(b)所示。它的数学表达式为

$$u(t)=\begin{cases} 1, & t \geqslant 0 \\ 0, & t < 0 \end{cases} \qquad (4.2.6)$$

其对应的拉普拉斯变换为

$$\mathcal{L}[1]=\mathcal{L}\big[\mathrm{e}^{-0t}\big]=\frac{1}{s+0}=\frac{1}{s} \qquad (4.2.7)$$

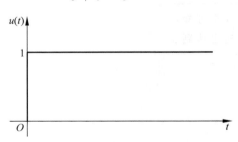

(a) 小心台阶(Watch Your Step)　　　　　(b) 单位阶跃函数

图 4.2.1　单位阶跃函数理解与图示

4.2.2　一阶系统单位冲激响应

当系统的输入为单位冲激函数时,$u(t)=\delta(t)$,$U(s)=1$。代入式(4.2.3),可得

$$X(s)=U(s)G(s)=1 \times \frac{a}{s+a}=\frac{a}{s+a} \qquad (4.2.8)$$

对式(4.2.8)等号两边进行拉普拉斯逆变换,可得

$$x(t)=\mathcal{L}^{-1}\big[X(s)\big]=\mathcal{L}^{-1}\left[\frac{a}{s+a}\right]=a\,\mathrm{e}^{-at} \qquad (4.2.9)$$

图 4.2.2 显示了一阶系统在不同 a 值下的单位冲激响应。可知当单位冲激输入作用在一阶系统时，系统的输出 $x(t)$ 将从 a 开始变化。

从系统输出的极点角度来看，当 $a>0$ 时，$X(s)$ 的极点 $s_p=-a<0$，因此 $x(t)$ 将递减并收敛于 0。另一方面，当 $a<0$ 时，$X(s)$ 的极点 $s_p=-a>0$，$x(t)$ 则会趋于负无穷。同时，因为 $X(s)$ 是单位冲激响应，所以 $X(s)=G(s)$，输出的极点也是传递函数的极点。

现在假设式(4.2.1)中的系统输入为 $u(t)=0$，但是系统的初始条件 $x(0)=x_0\neq0$。那么式(4.2.1)和式(4.2.2)分别变为

$$\frac{\mathrm{d}x(t)}{\mathrm{d}t}+ax(t)=0 \tag{4.2.10}$$

$$sX(s)-x_0+aX(s)=0 \tag{4.2.11}$$

调整式(4.2.11)，得到

$$X(s)=\frac{x_0}{s+a} \tag{4.2.12a}$$

对式(4.2.12a)等号两边进行拉普拉斯逆变换，得到

$$x(t)=\mathcal{L}^{-1}[X(s)]=\mathcal{L}^{-1}\left[\frac{x_0}{s+a}\right]=x_0\mathrm{e}^{-at} \tag{4.2.12b}$$

$x(t)$ 随时间的变化如图 4.2.3 所示。比较式(4.2.12b)和式(4.2.9)，会发现它们之间只有系数部分的不同。因此，它的初始输出状态是 x_0。$x(t)$ 随时间收敛或者发散取决于 a 的符号，当 $a>0$ 时，不管初始输出 x_0 的符号是什么，系统的输出 $x(t)$ 都会随时间的增加趋于 0。当 $a<0$ 时，不同符号的初始输出 x_0 会导致 $x(t)$ 随时间的增加向着正无穷或者负无穷变化。

通过以上分析可知，一阶系统对初始条件的响应就是系统的冲激响应，冲激的强度使得系统的初始输出达到 x_0。单位冲激响应发散或收敛与传递函数的极点相关。

图 4.2.2　一阶系统的单位冲激响应

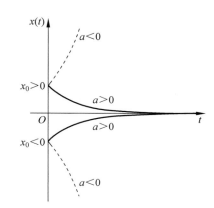

图 4.2.3　一阶系统对初始条件的响应

上述分析使用了传递函数的方法，下面我们换一种思路，使用相轨迹的方法对同样的一阶系统进行分析。考虑式(4.2.10)的零输入，即 $u(t)=0$ 的情况，定义系统的状态变量为系

统的输出,即 $z(t)=x(t)$。此时,式(4.2.10)可以写为

$$\frac{\mathrm{d}z(t)}{\mathrm{d}t}=-az(t) \tag{4.2.13}$$

令 $\dfrac{\mathrm{d}z(t)}{\mathrm{d}t}=0$,可以得到它的平衡点 $z_\mathrm{f}=0$。图 4.2.4 显示了不同 a 值时式(4.2.13)的相轨迹。以 $a>0$ 的情况为例(相轨迹如图 4.2.4(a)所示),当系统的初始条件在平衡点 z_f 的左侧,即 $z(0)=z_1$ 时,$\dfrac{\mathrm{d}z(t)}{\mathrm{d}t}\bigg|_{z(t)=z_1}>0$,因此 $z(t)$ 将随着时间的增加而不断增大,其移动轨迹向右直到平衡点为止。同时,随着 $z(t)$ 向平衡点不断地靠近,它的变化速率 $\dfrac{\mathrm{d}z(t)}{\mathrm{d}t}$ 会不断地减小。同理,当初始条件在平衡点右侧,即 $z(0)=z_2$ 时,$z(t)$ 将随着时间的增加而不断减小,移动轨迹向左直到平衡点。因此,平衡点 $z_\mathrm{f}=0$ 是一个稳定的平衡点。读者可以自己分析 $a<0$ 时的情况并和图 4.2.4(b)进行对比,在这种条件下,平衡点 $z_\mathrm{f}=0$ 是一个不稳定的平衡点。以上通过相轨迹分析的结果和图 4.2.3 所示的结果一致。

图 4.2.4   一阶系统零输入的相轨迹图(冲激响应)

4.2.3   一阶系统单位阶跃响应

当系统的输入为单位阶跃函数时,其拉普拉斯变换是 $U(s)=\dfrac{1}{s}$,代入式(4.2.3),可得

$$X(s)=U(s)G(s)=\frac{1}{s}\times\frac{a}{s+a}=\frac{a}{s(s+a)} \tag{4.2.14}$$

对式(4.2.14)等号两边进行拉普拉斯逆变换,得到

$$x(t)=\mathcal{L}^{-1}\big[X(s)\big]=\mathcal{L}^{-1}\left[\frac{a}{s(s+a)}\right]=\mathcal{L}^{-1}\left[\frac{1}{s-0}-\frac{1}{s+a}\right]=\mathrm{e}^{0t}-\mathrm{e}^{-at}=1-\mathrm{e}^{-at}$$

$$\tag{4.2.15}$$

根据式(4.2.15),当 $a<0$ 时,$x(t)$ 将趋于负无穷(图略)。当 $a>0$ 时,$x(t)$ 的图像如图 4.2.5 所示,从 0 开始,$x(t)$ 随着时间的增加而不断地增加,直到达到稳定值 1。通过分析式(4.2.14)

的极点也可以得到一致的结论，$X(s)$ 有两个极点，其中 $s_{p1}=0$ 来自系统输入 $U(s)=\dfrac{1}{s}$，另一个极点 $s_{p2}=-a$ 是系统传递函数 $G(s)$ 的极点。

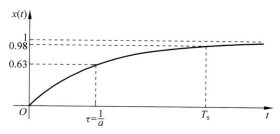

图 4.2.5　一阶系统单位阶跃响应

下面介绍两个一阶系统的重要性能指标。

（1）**时间常数（Time Constant）**：$\tau=\dfrac{1}{a}$，此时 $x(\tau)=1-e^{-a\frac{1}{a}}=1-e^{-1}\approx 0.63$。这个参数反映了系统的响应速度。$a$ 越大，τ 越小，系统的反应速度越快。

（2）**调节时间或者稳定时间（Settling Time）**：$T_s=4\tau=\dfrac{4}{a}$，此时 $x(T_s)\approx 0.98$。它表示了系统输出与终值之间的差距达到 2% 以内时所需要的时间。在工程中，可以理解为对系统施加一个阶跃输入后，系统需要 T_s 的时间达到稳定状态。

在具体工程案例中，可以通过实验的方法来确定一阶系统的参数。例如针对 4.1 节的牛顿冷却系统，传递函数为 $G(s)=\dfrac{K}{s+K}$，就可以通过实验的方法测得其冷却系数 K。假设以下场景：将一杯初始状态为 $x(0)=0℃$ 的水在 $t=0$ 时刻放入一个环境温度为 $20℃$ 的空间中，此时的输入即为阶跃输入，$u(t)=\begin{cases}20, & t\geqslant 0 \\ 0, & t<0\end{cases}$。测得这个水的温度经过 5 小时之后达到了 $19.6℃$（为最终稳态值 $20℃$ 的 98%）。因此可以得到这杯水在这一空间中的时间常数为 $\tau=\dfrac{5}{4}=1.25$，其所对应的冷却系数 $K=\dfrac{1}{1.25}=0.8$。

使用相轨迹的方法可以得到同样的结论，设系统的状态变量为系统输出 $z(t)=x(t)$，式（4.2.1）可以写成

$$\frac{dz(t)}{dt}+az(t)=au(t) \tag{4.2.16}$$

当对其施加单位阶跃输入时（$u(t)=1$），式（4.2.16）可以整理为

$$\frac{dz(t)}{dt}=a-az(t) \tag{4.2.17}$$

令 $\dfrac{dz(t)}{dt}=0$，可以得到其平衡点位置 $z_f=1$。当 $a>0$ 时，其对应的相轨迹如图 4.2.6 所示，可以得出平衡点 z_f 是一个稳定平衡点，无论初始状态在其左边还是右边，都将回到平衡位

置。读者可以自己推导当 $a < 0$ 时的情况。

通过以上分析可以发现,使用传递函数和相轨迹得出的结论是一致的。其中,传递函数和拉普拉斯变换可以方便地得到一阶系统的时域响应解析式。而通过相轨迹可以直观、快速地分析一阶系统对初始条件的响应。

图 4.2.6　一阶系统单位阶跃响应的相轨迹

一阶系统的时域响应内容请扫描此二维码观看。

4.3　案发时间揭秘

在 4.2 节中,我们充分讨论了一阶系统的冲激响应和阶跃响应。现在回到本章开始的案例,揭秘案发的时间。式(4.1.5)所对应的系统框图如图 4.3.1 所示。

系统的输入分为两部分:其中 $U_1(s) = \dfrac{37}{K}$ 是冲激输入,$U_2(s) = \dfrac{20}{s}$ 是阶跃输入。因此,系统的

图 4.3.1　系统框图

输出是对这两部分输入响应的和(冲激响应加阶跃响应)。

根据式(4.2.12b),输出 $x_1(t) = x_0 e^{-Kt} = 37 e^{-Kt}$。根据式(4.2.15),$x_2(t) = 20(1 - e^{-Kt})$,它是 20 倍的单位阶跃响应。$x_1(t)$ 与 $x_2(t)$ 如图 4.3.2(a)所示。叠加后的响应为

$$x(t) = x_1(t) + x_2(t) = 37 e^{-Kt} + 20(1 - e^{-Kt}) = 20 + 17 e^{-Kt} \qquad (4.3.1)$$

$x(t)$ 随时间的变化如图 4.3.2(b)所示。

此时将两个已知条件代入式(4.3.1)(下午 2:30 时体温为 26℃,下午 3:30 时体温为 25℃),并设下午 2:30 时已经距离死亡时间过去了 t_1 小时,可得

$$\begin{cases} 26 = 20 + 17 e^{-K t_1} \\ 25 = 20 + 17 e^{-K(t_1 + 1)} \end{cases} \qquad (4.3.2)$$

求解式(4.3.2)所示方程组,得到

(a) $x_1(t)$和$x_2(t)$随时间的变化　　　　　　(b) $x(t)$随时间的变化

图 4.3.2　式(4.3.1)的输出响应

$$\begin{cases} K = 0.182 \\ t_1 = 5.72 \end{cases} \tag{4.3.3}$$

式(4.3.3)说明在下午 2：30 的时候,距离死亡时间已经过去了 5.72 小时(5 小时 43 分钟),所以案发时间大概是上午 8：47。

4.4　本章要点总结

- **一阶系统的表达形式:**
  - 微分方程:$\dfrac{dx(t)}{dt} + ax(t) = au(t)$。
  - 传递函数:$G(s) = \dfrac{X(s)}{U(s)} = \dfrac{a}{s+a}$。
  - 传递函数极点:$s_p = -a$。

- **一阶系统的单位冲激响应:**
  - 单位冲激函数:$\begin{cases} \delta(t) = 0, t \neq 0 \\ \int_{-\infty}^{\infty} \delta(t)dt = 1 \end{cases}$。
  - 系统输出的拉普拉斯变换:$X(s) = \dfrac{a}{s+a}$。
  - 冲激响应的时域表达:$x(t) = ae^{-at}$。
  - 当 $a > 0$ 时,$s_p < 0$,系统收敛于 0。当 $a < 0$ 时,$s_p > 0$,系统趋于负无穷。
  - 系统对初始条件的响应即冲激响应。

- **一阶系统的单位阶跃响应:**
  - 单位阶跃函数:$u(t) = \begin{cases} 1, & t \geqslant 0 \\ 0, & t < 0 \end{cases}$。

- 系统输出的拉普拉斯变换：$X(s) = \dfrac{a}{s(s+a)}$。

- 单位阶跃响应的时域表达：$x(t) = 1 - e^{-at}$。

- 当 $a > 0$ 时，$s_\mathrm{p} < 0$，系统收敛于 1。当 $a < 0$ 时，$s_\mathrm{p} > 0$，系统趋于负无穷。

- 时间常数 $\tau = \dfrac{1}{a}$，此时系统输出在终值状态的 63%。

- 调节时间 $T_\mathrm{s} = 4\tau = \dfrac{4}{a}$，此时系统输出达到了终值的 98%。

- 使用相轨迹法可以直观明了地分析系统对于不同初始条件的响应。

二阶系统的时域响应分析

二阶系统被广泛地运用于控制工程的实践中,尤其是与力学相关的控制,如自动驾驶、无人机控制、电机控制、机器人控制等。同时,很多的高阶系统都可以近似为二阶系统。所以详细讨论和分析二阶系统有很重要的实际意义。**本章的学习目标为:**

- 掌握二阶系统的一般形式及其参数的含义。
- 掌握使用传递函数和状态空间方程的方法分析二阶系统的时域响应。
- 熟悉二阶系统性能指标的含义和推导方法。
- 理解科学评价动态系统性能的流程与方法。

5.1 二阶系统的一般形式——传递函数和状态空间方程

从一个典型的二阶系统例子入手,一个弹簧质量阻尼系统如图 5.1.1(a)所示。其对应的微分方程为

$$m \frac{\mathrm{d}^2 x(t)}{\mathrm{d}t^2} + b \frac{\mathrm{d}x(t)}{\mathrm{d}t} + kx(t) = f(t) \tag{5.1.1a}$$

调整可得

$$\frac{\mathrm{d}^2 x(t)}{\mathrm{d}t^2} + \frac{b}{m} \frac{\mathrm{d}x(t)}{\mathrm{d}t} + \frac{k}{m} x(t) = \frac{1}{m} f(t) \tag{5.1.1b}$$

定义:

固有频率或者**自然频率(Natural Frequency)**: $\omega_n = \sqrt{\dfrac{k}{m}}$。

阻尼比(Damping Ratio): $\zeta = \dfrac{b}{2\sqrt{km}}$。

代入式(5.1.1b),可得

$$\frac{\mathrm{d}^2 x(t)}{\mathrm{d}t^2} + 2\zeta\omega_n \frac{\mathrm{d}x(t)}{\mathrm{d}t} + \omega_n^2 x(t) = \frac{1}{m} f(t) \tag{5.1.1c}$$

为了简化计算,使系统单位化,定义系统的输入 $u(t) = \dfrac{f(t)}{m\omega_n^2}$。代入式(5.1.1c),可得

$$\frac{\mathrm{d}^2 x(t)}{\mathrm{d}t^2} + 2\zeta\omega_n \frac{\mathrm{d}x(t)}{\mathrm{d}t} + \omega_n^2 x(t) = \omega_n^2 u(t) \tag{5.1.2}$$

在本章中只讨论 $m>0$、$k>0$、$b>0$ 的情况,因此 $\omega_n>0$ 且 $\zeta>0$。其他例外情况读者可以根据本章的方法去处理。

考虑零初始状态,对式(5.1.2)等号两边进行拉普拉斯变换并整理,可以得到一般形式二阶系统的传递函数,即

$$G(s)=\frac{X(s)}{U(s)}=\frac{\omega_n^2}{s^2+2\zeta\omega_n s+\omega_n^2} \tag{5.1.3}$$

系统的框图如图 5.1.1(b)所示。

(a) 弹簧质量阻尼系统   (b) 动态系统框图

图 5.1.1　弹簧质量阻尼系统与其传递函数

如果使用状态空间方程的表达形式,可以设系统的状态变量为 $z(t)=[z_1(t),z_2(t)]^T=\left[x(t),\dfrac{\mathrm{d}x(t)}{\mathrm{d}t}\right]^T$。得到

$$\frac{\mathrm{d}z_1(t)}{\mathrm{d}t}=z_2(t) \tag{5.1.4a}$$

$$\frac{\mathrm{d}z_2(t)}{\mathrm{d}t}=\frac{\mathrm{d}^2 z_1(t)}{\mathrm{d}t^2}=-2\zeta\omega_n z_2(t)-\omega_n^2 z_1(t)+\omega_n^2 u(t) \tag{5.1.4b}$$

将其写成紧凑的矩阵形式,得到

$$\frac{\mathrm{d}z(t)}{\mathrm{d}t}=Az(t)+Bu(t)$$

其中

$$A=\begin{bmatrix}0 & 1\\ -\omega_n^2 & -2\zeta\omega_n\end{bmatrix},\quad B=\begin{bmatrix}0\\ \omega_n^2\end{bmatrix} \tag{5.1.5}$$

5.2　二阶系统对初始状态的响应

首先分析二阶系统对初始状态的响应,即考虑无输入的情况,$u(t)=0$。试想如果在时间 $t=0$ 的时刻,质量块的位置 $x(0)\neq 0$ 或者速度 $\dfrac{\mathrm{d}x(t)}{\mathrm{d}t}\bigg|_{t=0}\neq 0$,系统将如何运行? 在 4.2.2 节中曾经分析过,使用相轨迹可以直观清晰地定性分析系统对初始条件的响应,因此本节将从此角度入手进行分析。当系统的输入 $u(t)=0$ 时,式(5.1.5)可写成

$$\frac{\mathrm{d}z(t)}{\mathrm{d}t}=Az(t),\quad 其中 A=\begin{bmatrix}0 & 1\\ -\omega_n^2 & -2\zeta\omega_n\end{bmatrix} \tag{5.2.1}$$

求这个系统的平衡点,令 $\dfrac{\mathrm{d}z(t)}{\mathrm{d}t}=0$,可得

$$\begin{cases} 0 = z_{2f} \\ 0 = -\omega_n^2 z_{1f} - 2\zeta\omega_n z_{2f} \end{cases}$$

$$\Rightarrow \begin{cases} z_{1f} = 0 \\ z_{2f} = 0 \end{cases} \tag{5.2.2}$$

分析平衡点的性质，首先要得到状态矩阵 $\boldsymbol{A}$ 的特征值，令 $|\boldsymbol{A} - \lambda \boldsymbol{I}| = 0$，得到

$$\begin{vmatrix} -\lambda & 1 \\ -\omega_n^2 & -2\zeta\omega_n - \lambda \end{vmatrix} = \lambda^2 + 2\zeta\omega_n\lambda + \omega_n^2 = 0 \tag{5.2.3a}$$

求解特征值，得到

$$\begin{cases} \lambda_1 = -\zeta\omega_n + \omega_n\sqrt{\zeta^2 - 1} \\ \lambda_2 = -\zeta\omega_n - \omega_n\sqrt{\zeta^2 - 1} \end{cases} \tag{5.2.3b}$$

> 特征值 λ 对应了式(5.1.3)中的传递函数 $G(s)$ 的极点。

下面来分类讨论不同的参数对特征值 λ_1 和 λ_2 的影响以及特征值将如何影响系统的表现。

类(1)：$\zeta \geqslant 1$。

此时

$$\zeta > \sqrt{\zeta^2 - 1} \geqslant 0$$

$$\Rightarrow \begin{cases} \lambda_1 = -\zeta\omega_n + \omega_n\sqrt{\zeta^2 - 1} < 0 \\ \lambda_2 = -\zeta\omega_n - \omega_n\sqrt{\zeta^2 - 1} < 0 \end{cases} \tag{5.2.4}$$

特征值 λ_1 与 λ_2 都为实数且都小于 0。根据表 3.3.1，平衡点 $\boldsymbol{z}_f = [0,0]^T$ 是一个稳定的节点。它的相轨迹如图 5.2.1(a)所示。不管初始位置从何处开始，都会随着时间的增加而趋于 0。

其中，当 $\zeta > 1$ 时的系统称为**过阻尼系统**（**Overdamped System**），当 $\zeta = 1$ 时的系统称为**临界阻尼系统**（**Critically Damped System**）。过阻尼和临界阻尼的区别在于它们的收敛速度不同，其中临界阻尼的系统收敛更快。本节重点在于定性分析，这两种系统的细微差别将在 5.3 节定量分析中详细阐释。

类(2)：$0 < \zeta < 1$。

此时

$$\sqrt{\zeta^2 - 1} = \sqrt{1 - \zeta^2}\,\mathrm{j}$$

$$\Rightarrow \begin{cases} \lambda_1 = -\zeta\omega_n + \omega_n\sqrt{1 - \zeta^2}\,\mathrm{j} \\ \lambda_2 = -\zeta\omega_n - \omega_n\sqrt{1 - \zeta^2}\,\mathrm{j} \end{cases} \tag{5.2.5}$$

特征值 λ_1 和 λ_2 是两个复数，而且它们的实部都是 $-\zeta\omega_n < 0$。根据表 3.3.1，平衡点 $\boldsymbol{z}_f = [0,0]^T$ 是一个稳定的焦点，它的相轨迹如图 5.2.1(b)所示。这是一个边振荡边衰减的系统，系统的状态变量将随着时间的增加而趋于平衡点。这也是我们日常生活中最常见的弹

簧系统,无论它被压缩或者拉伸,当它从初始位置被释放后,就会不断地振动且振幅逐渐减小并最终停下来。这种系统称为**欠阻尼系统(Underdamped System)**。

类(3):$\zeta = 0$。

此时

$$\begin{cases} \lambda_1 = \omega_n j \\ \lambda_2 = -\omega_n j \end{cases} \tag{5.2.6}$$

状态矩阵的特征值是一对共轭纯虚数。根据表 3.3.1,平衡点 $z_f = [0,0]^T$ 是一个中心点。其相轨迹会围绕着这个中心点做圆周运动,如图 5.2.1(c)所示。此时两个状态变量,即质量块的位移与速度会不断地振动,循环往复。从物理意义上来理解它,$\zeta = 0$ 代表了式(5.1.1)中 $b = 0$,即系统的阻尼为零。没有阻尼的时候系统的总能量就不会消耗,所以一旦对这个系统施加一个初始状态(给予其初始的能量),它就会不断地振动下去。这种系统称为**无阻尼系统(Undamped System)**。

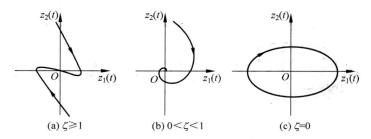

图 5.2.1 二阶系统对初始状态响应的相轨迹

5.3 二阶系统的单位阶跃响应

在 5.2 节中,我们采用相轨迹的方法定性讨论了二阶系统对初始状态的响应。本节将采用传递函数的方法定量分析二阶系统的单位阶跃响应。读者在阅读过程中可以将这两节中所介绍的方法结合起来思考,例如用传递函数的方法去求解初始状态问题,或者用相轨迹的方法求解阶跃响应,相信读者会对这部分内容有更深刻的理解。

当系统的输入为单位阶跃函数时,输入的拉普拉斯变换为 $U(s) = \dfrac{1}{s}$,将其代入式(5.1.3),可得

$$X(s) = G(s)U(s) = \frac{\omega_n^2}{s^2 + 2\zeta\omega_n s + \omega_n^2} \times \frac{1}{s} \tag{5.3.1}$$

令式(5.3.1)的分母等于 0,可以求出三个极点,分别为

$$\begin{cases} s_{p1} = 0 \\ s_{p2} = -\zeta\omega_n + \omega_n\sqrt{\zeta^2 - 1} \\ s_{p3} = -\zeta\omega_n - \omega_n\sqrt{\zeta^2 - 1} \end{cases} \tag{5.3.2}$$

通过 5.2 节的介绍,不同的 ζ 值将对应不同的系统表现,本节将详细推导其中一个最为复杂

的情况,即欠阻尼系统 $0<\zeta<1$,并分析它的系统响应。当 $0<\zeta<1$ 时,式(5.3.2)变为

$$
\begin{cases}
s_{p1}=0 \\
s_{p2}=-\zeta\omega_n+\omega_n\sqrt{1-\zeta^2}j \\
s_{p3}=-\zeta\omega_n-\omega_n\sqrt{1-\zeta^2}j
\end{cases}
\tag{5.3.3}
$$

其中,s_{p1} 来自输入,s_{p2} 和 s_{p3} 则是系统传递函数的极点。将式(5.3.3)代入式(5.3.1),并设三个待定系数分别为 A、B 和 C,可得

$$
\begin{aligned}
X(s) &= \frac{\omega_n^2}{s(s^2+2\zeta\omega_n s+\omega_n^2)} = \frac{A}{(s-s_{p1})}+\frac{B}{(s-s_{p2})}+\frac{C}{(s-s_{p3})} \\
&= \frac{A(s-s_{p2})(s-s_{p3})+B(s-s_{p1})(s-s_{p3})+C(s-s_{p1})(s-s_{p2})}{(s-s_{p1})(s-s_{p2})(s-s_{p3})}
\end{aligned}
\tag{5.3.4}
$$

比较等式两侧的分子,可得

$$
\omega_n^2=A(s-s_{p2})(s-s_{p3})+B(s-s_{p1})(s-s_{p3})+C(s-s_{p1})(s-s_{p2})
\tag{5.3.5}
$$

利用分式分解法求 A、B 和 C:

令 $s=s_{p1}=0$,可得

$$
\begin{aligned}
\omega_n^2 &= A(0-s_{p2})(0-s_{p3}) \\
&= A(\zeta\omega_n-\omega_n\sqrt{1-\zeta^2}j)(\zeta\omega_n+\omega_n\sqrt{1-\zeta^2}j)=A\omega_n^2 \\
&\Rightarrow A=1
\end{aligned}
\tag{5.3.6a}
$$

令 $s=s_{p2}=-\zeta\omega_n+\omega_n\sqrt{1-\zeta^2}j$,可得

$$
\begin{aligned}
\omega_n^2 &= B(-\zeta\omega_n+\omega_n\sqrt{1-\zeta^2}j-s_{p1})(-\zeta\omega_n+\omega_n\sqrt{1-\zeta^2}j-s_{p3}) \\
&= B(-\zeta\omega_n+\omega_n\sqrt{1-\zeta^2}j-0)\left[-\zeta\omega_n+\omega_n\sqrt{1-\zeta^2}j-(-\zeta\omega_n-\omega_n\sqrt{1-\zeta^2}j)\right] \\
&= B(-\zeta\omega_n+\omega_n\sqrt{1-\zeta^2}j)(2\omega_n\sqrt{1-\zeta^2}j) \\
&= B\left[-2\zeta\omega_n^2\sqrt{1-\zeta^2}j-2\omega_n^2(1-\zeta^2)\right] \\
&= B(-2\omega_n^2)(\zeta\sqrt{1-\zeta^2}j+1-\zeta^2)
\end{aligned}
$$

$$
\begin{aligned}
\Rightarrow B &= \left(-\frac{1}{2}\right)\frac{1}{\zeta\sqrt{1-\zeta^2}j+1-\zeta^2} \\
&= \left(-\frac{1}{2}\right)\frac{1}{\zeta\sqrt{1-\zeta^2}j+1-\zeta^2}\frac{(-\zeta\sqrt{1-\zeta^2}j)+1-\zeta^2}{(-\zeta\sqrt{1-\zeta^2}j)+1-\zeta^2} \\
&= \left(-\frac{1}{2}\right)\frac{1-\zeta^2-\zeta\sqrt{1-\zeta^2}j}{(1-\zeta^2)^2+\zeta^2(1-\zeta^2)} = \left(-\frac{1}{2}\right)\frac{1-\zeta^2-\zeta\sqrt{1-\zeta^2}j}{1-2\zeta^2+\zeta^4+\zeta^2-\zeta^4} \\
&= \left(-\frac{1}{2}\right)\frac{1-\zeta^2-\zeta\sqrt{1-\zeta^2}j}{1-\zeta^2} \\
&= -\frac{1}{2}\left(1-\frac{\zeta}{\sqrt{1-\zeta^2}}j\right)
\end{aligned}
\tag{5.3.6b}
$$

同理,令 $s=s_{p3}$,可得

$$C = -\frac{1}{2}\left(1 + \frac{\zeta}{\sqrt{1-\zeta^2}}j\right) \tag{5.3.6c}$$

可知 C 与 B 是共轭关系。将式(5.3.6a)、式(5.3.6b)、式(5.3.6c)代入式(5.3.4)中可得

$$X(s) = \frac{1}{(s-s_{p1})} - \frac{1}{2}\left(1 - \frac{\zeta}{\sqrt{1-\zeta^2}}j\right)\frac{1}{(s-s_{p2})} - \frac{1}{2}\left(1 + \frac{\zeta}{\sqrt{1-\zeta^2}}j\right)\frac{1}{(s-s_{p3})} \tag{5.3.7}$$

对式(5.3.7)等号两边进行拉普拉斯逆变换,可得

$$
\begin{aligned}
x(t) &= \mathcal{L}^{-1}\big[X(s)\big]\\
&= \mathcal{L}^{-1}\left[\frac{1}{s-s_{p1}} - \frac{1}{2}\left(1 - \frac{\zeta}{\sqrt{1-\zeta^2}}j\right)\frac{1}{(s-s_{p2})} - \frac{1}{2}\left(1 + \frac{\zeta}{\sqrt{1-\zeta^2}}j\right)\frac{1}{(s-s_{p3})}\right]\\
&= e^{s_{p1}t} - \frac{1}{2}\left(1 - \frac{\zeta}{\sqrt{1-\zeta^2}}j\right)e^{s_{p2}t} - \frac{1}{2}\left(1 + \frac{\zeta}{\sqrt{1-\zeta^2}}j\right)e^{s_{p3}t}
\end{aligned}
\tag{5.3.8}
$$

将式(5.3.3)代入式(5.3.8),可得

$$
\begin{aligned}
x(t) &= e^{0t} - \frac{1}{2}\left(1 - \frac{\zeta}{\sqrt{1-\zeta^2}}j\right)e^{(-\zeta\omega_n + \omega_n\sqrt{1-\zeta^2}j)t} - \frac{1}{2}\left(1 + \frac{\zeta}{\sqrt{1-\zeta^2}}j\right)e^{(-\zeta\omega_n - \omega_n\sqrt{1-\zeta^2}j)t}\\
&= 1 - e^{-\zeta\omega_n t}\left[\frac{1}{2}\left(1 - \frac{\zeta}{\sqrt{1-\zeta^2}}j\right)e^{\omega_n\sqrt{1-\zeta^2}jt} + \frac{1}{2}\left(1 + \frac{\zeta}{\sqrt{1-\zeta^2}}j\right)e^{-\omega_n\sqrt{1-\zeta^2}jt}\right]
\end{aligned}
\tag{5.3.9}
$$

定义一个新的参数 $\omega_d = \omega_n\sqrt{1-\zeta^2}$,称其为**阻尼固有频率(Damped Natural Frequency)**。可以通过复平面图形辅助理解这一参数,将式(5.3.3)中 $G(s)$ 的两个共轭极点 s_{p2} 和 s_{p3} 在图5.3.1中的复平面上绘制出来,可以发现它们的横坐标为 $-\zeta\omega_n$,纵坐标分别为 $\pm\omega_n\sqrt{1-\zeta^2}$,即阻尼固有频率。根据三角关系,它们的模(即长度)等于系统的固有频率 ω_n。

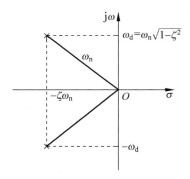

图 5.3.1 极点、固有频率与阻尼固有频率的关系

此时,式(5.3.9)可以化简为

$$
\begin{aligned}
x(t) &= 1 - e^{-\zeta\omega_n t}\left[\frac{1}{2}\left(1 - \frac{\zeta}{\sqrt{1-\zeta^2}}j\right)e^{\omega_d jt} + \frac{1}{2}\left(1 + \frac{\zeta}{\sqrt{1-\zeta^2}}j\right)e^{-\omega_d jt}\right]\\
&= 1 - e^{-\zeta\omega_n t}\left[\frac{1}{2}\left(e^{\omega_d jt} + e^{-\omega_d jt}\right) + \frac{1}{2}\frac{\zeta}{\sqrt{1-\zeta^2}}j\left(-e^{\omega_d jt} + e^{-\omega_d jt}\right)\right]
\end{aligned}
\tag{5.3.10a}
$$

根据欧拉公式，$e^{\omega_d jt}=\cos\omega_d t+j\sin\omega_d t$，$e^{-\omega_d jt}=\cos\omega_d t-j\sin\omega_d t$。可得

$$\frac{1}{2}(e^{\omega_d jt}+e^{-\omega_d jt})=\cos\omega_d t \tag{5.3.10b}$$

$$\frac{1}{2}j(-e^{\omega_d jt}+e^{-\omega_d jt})=\sin\omega_d t \tag{5.3.10c}$$

代入式(5.3.10a)，化简后得到

$$x(t)=1-e^{-\zeta\omega_n t}\left[\cos\omega_d t+\frac{\zeta}{\sqrt{1-\zeta^2}}\sin\omega_d t\right] \tag{5.3.11a}$$

令 $\varphi=\arctan\dfrac{\sqrt{1-\zeta^2}}{\zeta}$，可得

$$\cos\omega_d t+\frac{\zeta}{\sqrt{1-\zeta^2}}\sin\omega_d t=\sqrt{1^2+\left(\frac{\zeta}{\sqrt{1-\zeta^2}}\right)^2}\sin(\omega_d t+\varphi)$$

$$=\sqrt{\frac{1}{1-\zeta^2}}\sin(\omega_d t+\varphi) \tag{5.3.11b}$$

代入式(5.3.11a)，可得

$$x(t)=1-e^{-\zeta\omega_n t}\sqrt{\frac{1}{1-\zeta^2}}\sin(\omega_d t+\varphi) \tag{5.3.12}$$

式(5.3.12)为二阶欠阻尼系统单位阶跃响应的时间函数，它由两部分相减而成。其中"1"来自系统输入（极点为 $s_{p1}=0$，因此输出包含一个常数）。后半部分的 $e^{-\zeta\omega_n t}\sqrt{\dfrac{1}{1-\zeta^2}}\sin(\omega_d t+\varphi)$ 是两项相乘，其中 $e^{-\zeta\omega_n t}\sqrt{\dfrac{1}{1-\zeta^2}}$ 项会随着时间的增加而递减并趋于 0，如图 5.3.2(a)所示。而 $\sin(\omega_d t+\varphi)$ 则是周期为 $\dfrac{2\pi}{\omega_d}$、初相位为 φ 的三角函数，如图 5.3.2(b)所示。这两部分相乘之后就形成了图 5.3.2(c)中振荡且递减的曲线。

> 同时，式(5.3.12)说明 $x(t)$ 的收敛速度是由指数部分 $-\zeta\omega_n$ 决定的，它同时也是传递函数极点 $s_{p2,3}$ 的实数部分。周期是由 ω_d 决定的，而 $\omega_d=\omega_n\sqrt{1-\zeta^2}$ 则是传递函数极点 $s_{p2,3}$ 的虚部。这再一次验证了传递函数极点对系统输出的影响。

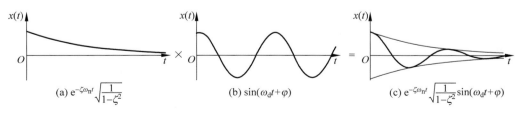

图 5.3.2 $e^{-\zeta\omega_n t}\sqrt{\dfrac{1}{1-\zeta^2}}\sin(\omega_d t+\varphi)$ 的图像组成

**图 5.3.3 欠阻尼二阶系统的
单位阶跃响应**

而 $x(t)$ 的图像就是用"1"减去图 5.3.2(c) 的图像,其结果如图 5.3.3 所示。

读者可以用同样的方法去推导过阻尼、临界阻尼和无阻尼的情况。这里不再赘述,只给出结果如下。

无阻尼情况(当 $\zeta=0$ 时):
$$x(t)=1-\cos\omega_n t \tag{5.3.13}$$

临界阻尼情况(当 $\zeta=1$ 时):
$$x(t)=1-\mathrm{e}^{-\omega_n t}(1+\omega_n t) \tag{5.3.14}$$

过阻尼情况(当 $\zeta>1$ 时):
$$x(t)=1-\frac{1}{2\sqrt{\zeta^2-1}\,(\zeta-\sqrt{\zeta^2-1})}\mathrm{e}^{(-\zeta\omega_n+\omega_n\sqrt{\zeta^2-1})t}+$$
$$\frac{1}{2\sqrt{\zeta^2-1}\,(\zeta+\sqrt{\zeta^2-1})}\mathrm{e}^{(-\zeta\omega_n-\omega_n\sqrt{\zeta^2-1})t} \tag{5.3.15}$$

图 5.3.4 显示了在不同阻尼比下,二阶系统的单位阶跃响应曲线。可见阻尼比 ζ 是二阶系统中的一个重要参数,它决定了系统的响应速度和振荡的激烈程度等。

图 5.3.4 不同阻尼比下二阶系统的阶跃响应

二阶系统的时域响应内容请扫描此二维码观看。

5.4 二阶系统性能指标分析

本节将介绍二阶系统的一些重要的性能指标及分析方法。这些参数不仅可以运用在分析二阶系统的动态表现上,也可以用在定量评估控制器中。此外,本节将通过一个案例为读者梳理科学分析动态系统的方法。

5.4.1 二阶系统的重要性能指标

考虑一个实际的控制器设计案例,设想你作为一个项目经理负责开发一个无人机项目。目标是设计一套算法自动控制无人机的高度,工程设计团队开发了一套反馈控制系统,如图 5.4.1 所示。控制框图如图 5.4.1(b) 所示,其中 $R(s)$ 是参考值,$E(s)$ 是误差。$C(s)$ 是控制器,其包含的控制算法会根据无人机的实际高度 $X(s)$ 与参考(目标)高度 $R(s)$ 的差值(误差 $E(s)$)来决定控制量,即马达的转速 $U(s)$。根据框图化简原理,图 5.4.1(b) 可以化简为图 5.4.1(c)。简化后的框图(控制系统)输入是参考值 $R(s)$,输出是高度的拉普拉斯

变换 $X(s)$。闭环控制系统的传递函数是 $\dfrac{C(s)G(s)}{1+C(s)G(s)}$。

(a) 无人机高度控制　　　　　　　　(b) 闭环控制系统框图

(c) 闭环控制系统简化框图

图 5.4.1　控制器设计二阶系统例子

在实际工程应用中，大部分关于运动控制的系统，简化后的闭环传递函数都会呈现出二阶系统的表现，即可以近似认为图 5.4.1(c) 中的 $\dfrac{C(s)G(s)}{1+C(s)G(s)}=\dfrac{\omega_n^2}{s^2+2\zeta\omega_n s+\omega_n^2}$。

> 从直观理解，控制系统设计相当于将无人机挂在了一个"看不见"的弹簧阻尼系统上面，如图 5.4.2 所示，而控制器的设计过程就是设计这个弹簧阻尼系统的固有频率和阻尼比。

根据设定，"你"的角色是产品经理，因此你的关注点不在控制器的设计上，而是如何评估控制系统（有关"看不见"的弹簧阻尼系统设计请参考 7.3.2 节）。现在假设算法工程师提供了三种方案，经过测试后无人机都可以从初始高度达到目标高度，但它们的运行轨迹不同，如图 5.4.2 所示的三条轨迹。作为项目经理，请问你会如何评价这三种算法，又会选择哪一种呢？读者可以记录下你现在的选择，与本章最后的分析与结果进行比较。

图 5.4.2　无人机高度控制

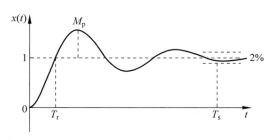

图 5.4.3　二阶系统的单位阶跃响应性能指标

各位读者在今后的科研或者工作中,会经常遇到类似的系统分析的问题。为了得到令人信服的评估结果,需要一些量化的指标。下面将列出三个指标参数来描述二阶系统的性能,其他指标都可以通过这三个指标推导出来。图 5.4.3 是一个典型的欠阻尼二阶系统的单位阶跃响应,以它为例,定义如下性能指标。

(1) **上升时间(Rise Time)** T_r:是指系统第一次到达稳定点的时间,有的系统达不到稳定状态,就取稳定值的 90%。这一参数体现了系统的反应速度。

(2) **最大超调量(Maximum Overshoot)** M_p:系统输出的最大值(峰值)减去稳态值,再乘以 100%,即 $M_p = \dfrac{x_{\max} - x(\infty)}{x(\infty)} \times 100\%$,这个指标说明了系统有多大的"矫枉过正"的倾向。

(3) **稳定时间(Settling Time)** T_s:又称调节时间,是指系统进入稳态的误差范围内的时间。一般就是最终状态的 2% 以内。

在实际工程中,以上三个指标都是可以通过实验测得的。如果系统的传递函数已知,就可以直接计算这三个指标。其中:

(1) 上升时间 T_r。

根据定义,当 $t = T_r$ 时,$x(T_r) = 1$。将其代入式(5.3.12),可得

$$1 = 1 - e^{-\zeta \omega_n T_r} \sqrt{\frac{1}{1 - \zeta^2}} \sin(\omega_d T_r + \varphi)$$

$$\Rightarrow 0 = e^{-\zeta \omega_n T_r} \sqrt{\frac{1}{1 - \zeta^2}} \sin(\omega_d T_r + \varphi) \tag{5.4.1}$$

式(5.4.1)等号右边的前面一项 $e^{-\zeta \omega_n T_r} \sqrt{\dfrac{1}{1 - \zeta^2}} \neq 0$,所以等式成立时,$\sin(\omega_d T_r + \varphi) = 0$,得到

$$\omega_d T_r + \varphi = k\pi, \quad k = 1, 2, 3, \cdots \tag{5.4.2a}$$

可得

$$T_r = \frac{k\pi - \varphi}{\omega_d}, \quad k = 1, 2, 3, \cdots \tag{5.4.2b}$$

因为上升时间是第一次到达稳定点的时间,所以取 $k = 1$,即

$$T_r = \frac{\pi - \varphi}{\omega_d} = \frac{\pi - \varphi}{\omega_n \sqrt{1 - \zeta^2}} \tag{5.4.3}$$

式(5.4.3)说明固有频率 ω_n 越大,则上升时间 T_r 越小,系统的响应就越快。同时,阻尼比 ζ 越大,上升时间 T_r 越大。思考一下固有频率的物理定义,$\omega_n = \sqrt{\dfrac{k}{m}}$ 是弹簧系数与质量的比值。当 ω_n 增大时,弹簧系数与质量的比值就增大,此时相当于用一个强力弹簧去拉一个小质量的物体,它的响应速度自然就会很快。而阻尼力则相反,阻尼增大会减缓物体的移动速

度,这是因为阻尼力与速度方向相反且大小与速度成正比。

（2）最大超调量 M_p。

若求解最大超调量,首先要找到系统的**峰值时间（Peak Time）** T_p。即 $x(T_p)=x_{\max}$,在此时刻,有

$$\frac{\mathrm{d}x(t)}{\mathrm{d}t}\Big|_{t=T_p}=0$$

$$\Rightarrow \zeta\omega_n\sqrt{\frac{1}{1-\zeta^2}}\,\mathrm{e}^{-\zeta\omega_n t}\sin(\omega_d t+\varphi)-\mathrm{e}^{-\zeta\omega_n t}\sqrt{\frac{1}{1-\zeta^2}}\,\omega_d\cos(\omega_d t+\varphi)\Big|_{t=T_p}$$

$$=0 \tag{5.4.4a}$$

可得

$$\mathrm{e}^{-\zeta\omega_n T_p}\sqrt{\frac{1}{1-\zeta^2}}\left(\zeta\omega_n\sin(\omega_d T_p+\varphi)-\omega_d\cos(\omega_d T_p+\varphi)\right)=0 \tag{5.4.4b}$$

式(5.4.4b)中的第一项 $\mathrm{e}^{-\zeta\omega_n T_p}\sqrt{\dfrac{1}{1-\zeta^2}}\neq 0$,所以等式成立时,$\zeta\omega_n\sin(\omega_d T_p+\varphi)-\omega_d\cos(\omega_d T_p+\varphi)=0$,得到

$$\zeta\omega_n\sin(\omega_d T_p+\varphi)=\omega_d\cos(\omega_d T_p+\varphi)$$

$$\Rightarrow \tan(\omega_d T_p+\varphi)=\frac{\omega_d}{\zeta\omega_n}=\frac{\sqrt{1-\zeta^2}}{\zeta} \tag{5.4.4c}$$

根据式(5.3.11)的定义,$\dfrac{\sqrt{1-\zeta^2}}{\zeta}=\tan(\varphi)$,所以 $\tan(\omega_d T_p+\varphi)=\tan(\varphi)$,即

$$\omega_d T_p=k\pi \quad k=1,2,3,\cdots \tag{5.4.4d}$$

因为最大超调量出现在第一次的峰值,所以 $k=1$,可得

$$T_p=\frac{\pi}{\omega_d}=\frac{\pi}{\omega_n\sqrt{1-\zeta^2}} \tag{5.4.5}$$

对比式(5.4.3)和式(5.4.5)可以发现,T_p 与 T_r 的性质相同,因为它们都反映了系统的反应速度。将式(5.4.5)代入式(5.4.1)中,可得

$$x(T_p)=1-\mathrm{e}^{\frac{-\zeta\pi}{\sqrt{1-\zeta^2}}}\sqrt{\frac{1}{1-\zeta^2}}\sin(\pi+\varphi)=1+\mathrm{e}^{\frac{-\zeta\pi}{\sqrt{1-\zeta^2}}}\sqrt{\frac{1}{1-\zeta^2}}\sin(\varphi) \tag{5.4.6a}$$

因为 $\dfrac{\sqrt{1-\zeta^2}}{\zeta}=\tan(\varphi)$,所以 $\sin(\varphi)=\sqrt{1-\zeta^2}$,代入式(5.4.6a),可得

$$x(T_p)=1+\mathrm{e}^{\frac{-\zeta\pi}{\sqrt{1-\zeta^2}}}\sqrt{\frac{1}{1-\zeta^2}}\sqrt{1-\zeta^2}=1+\mathrm{e}^{\frac{-\zeta\pi}{\sqrt{1-\zeta^2}}} \tag{5.4.6b}$$

将式(5.4.6b)代入最大超调量的定义中,可得

$$M_p=\frac{1+\mathrm{e}^{\frac{-\zeta\pi}{\sqrt{1-\zeta^2}}}-1}{1}\times 100\%=\mathrm{e}^{\frac{-\zeta\pi}{\sqrt{1-\zeta^2}}}\times 100\% \tag{5.4.7}$$

式(5.4.7)说明最大超调量只与阻尼比 ζ 相关。ζ 越大,M_p 就越小。从物理角度来理解,阻尼比的定义为 $\zeta=\dfrac{b}{2\sqrt{km}}$。当阻尼比越大时,阻尼 b 在系统中产生的影响相较于弹簧系数 k

与质量 m 就越大,因此系统的"弹性"就会降低,超调就会减小。在无阻尼状态 $\zeta=0$ 时,系统的"弹性"最大,$M_\mathrm{p}=100\%$,即最大会超调 1 倍(参考图 5.3.4)。

(3)稳定时间 T_s。

这个指标一般是通过实验测试得到的,也可以采用估算的办法得到。根据其定义,可得

$$x(T_\mathrm{s})=1-\mathrm{e}^{-\zeta\omega_\mathrm{n}T_\mathrm{s}}\sqrt{\frac{1}{1-\zeta^2}}\sin(\omega_\mathrm{d}T_\mathrm{s}+\varphi)=0.98 \tag{5.4.8}$$

考虑在稳态时振动部分的最大值,即 $\sin(\omega_\mathrm{d}T_\mathrm{s}+\varphi)=1$,式(5.4.8)变为

$$\mathrm{e}^{-\zeta\omega_\mathrm{n}T_\mathrm{s}}\sqrt{\frac{1}{1-\zeta^2}}=0.02$$

$$\Rightarrow T_\mathrm{s}=\frac{4}{\zeta\omega_\mathrm{n}} \tag{5.4.9}$$

式(5.4.9)说明稳定时间与 $\zeta\omega_\mathrm{n}$ 成反比,根据式(5.2.3b),$\zeta\omega_\mathrm{n}$ 是传递函数系统极点的实部,将决定系统的收敛速度(参考图 5.3.2)。

5.4.2 二阶系统的性能分析

5.4.1 节中介绍了三个重要的二阶系统性能指标,本节将讨论它们在实际案例分析中的应用。重新思考本节提出的无人机案例,面对图 5.4.2 中的三条轨迹,可以使用上述性能指标来进行比较。在分析之前,还需要做一步工作,为评价这三种算法制定一个规则,并在此规则下为这三种算法排名和打分(1 分、2 分或 3 分)。我们将使用一种非常简单的打分方式,具体规则如下。

指标(1) 是上升时间 T_r:上升时间越短说明系统的反应速度越快。因此对这个指标评价时,越短得分越高。在图 5.4.2 中,轨迹 1 的响应速度最快,它最先上升到参考高度,所以得 3 分。紧接着是轨迹 2 和 3,分别得 2 分和 1 分。

指标(2) 是最大超调量 M_p:当无人机改变高度的时候,我们当然希望它可以一步到位,而不是先超过再回来的"矫枉过正"的运行轨迹。所以没有超调量的轨迹 3 得 3 分,而轨迹 1 则在这项评比中垫底得 1 分。

指标(3) 是稳定时间 T_s:这个指标也是越短分数越高。可以看到轨迹 3 最好得 3 分,轨迹 1 最差只得 1 分。

将上面的评分总结到表 5.4.1 中并用一个雷达图表示,如图 5.4.4 所示。

表 5.4.1 系统的性能指标与评分

轨　　迹	性能指标得分		
	T_r	M_p	T_s
轨迹 1	3	1	1
轨迹 2	2	2	2
轨迹 3	1	3	3

读者如果是游戏玩家的话,就不会对图 5.4.4 感到陌生,这种雷达图被大量地使用在游戏中展示角色的各项能力。当然,根据打分的规则,这个三角形越大就越好,说明它在各项评比中都得到了高分。但是在现实生活中,各项指标都优秀的系统几乎是不存在的,尤其是

在引入更多的指标(如控制器的成本、输入能量的成本
等)之后。正如在本例中,你会发现每一条轨迹都各有
优势和不足。

请进一步考虑以下两种应用场景:

(1)这套算法将应用到灯光秀场中的一组编队飞
行无人机中,整个编队非常紧密,每一架无人机之间的
距离很近。

(2)这套算法将应用在勘探无人机上。它将进入
一个能见度很差、有很多未知障碍的区域。

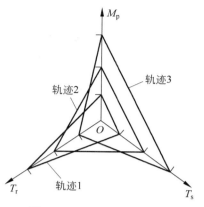

图 5.4.4   性能指标雷达图

针对第(1)种情况,超调量是需要重点考虑的部分,
因为没有人希望在编队表演中无人机之间发生任何的
碰撞。因此要选择轨迹 3,即使它的反应速度是最慢
的,但是因为它没有超调,至少在运行中不会进入其他无人机的区域内。而对于第(2)种情
况,无人机的反应速度就成为了首选要素。轨迹 1 在此情况下可能是最佳的,因为它可以在
有限的反应时间内迅速地离开当前区域,快速避开在勘探路上突然出现的障碍物。

读者可以将上述例子类比到自己开车的场景中,在正常行驶的情况下变换车道时,大部
分人都会使用轨迹 3 这样慢慢地过去,不会冲到别的车道上。而当前面突然有紧急状况出
现的时候,往往下意识就会选择轨迹 1,先脱离危险之后再慢慢回到正常行驶的车道上。因
此,这几种算法本身没有"对错",只有适合与不适合。此时作为项目经理的你,是否会改变
你最初的选择呢?

希望上述案例可以给读者一些启示,引发一些思考。这种**思辨**(**Critical Thinking**)的
精神也是本书希望传递给各位读者的。我们有很多同学都习惯于被动地灌输知识与思想,
从小到大的考试也总是有一个标准答案。这在小学与中学阶段的基础知识学习中是可行
的。但在大学或者更高等的教育阶段,思辨精神的培养就显得尤为重要了。在现实生活中
和在科研工作中分析问题处理问题的时候,往往是没有标准答案的,不存在绝对的正确与
错误。从不同的角度入手,立足于不同的观点,站在不同的位置上,都会得到不一样的答
案。评判的标准也绝对不是单一的,很多时候都需要综合考虑。所以,希望读者朋友们可
以把这种思辨的精神运用到日常生活和工作中,做一个有独立思考精神的人。

5.5   本章要点总结

- **二阶系统的一般表达形式:**
  - 微分方程:$\dfrac{\mathrm{d}^2 x(t)}{\mathrm{d}t^2}+2\zeta\omega_\mathrm{n}\dfrac{\mathrm{d}x(t)}{\mathrm{d}t}+\omega_\mathrm{n}^2 x(t)=\omega_\mathrm{n}^2 u(t)$。
  - 传递函数:$G(s)=\dfrac{X(s)}{U(s)}=\dfrac{\omega_\mathrm{n}^2}{s^2+2\zeta\omega_\mathrm{n}s+\omega_\mathrm{n}^2}$。

- 零输入状态空间方程表达：$\dfrac{\mathrm{d}z(t)}{\mathrm{d}t}=\boldsymbol{A}z(t),\boldsymbol{A}=\begin{bmatrix} 0 & 1 \\ -\omega_n^2 & -2\zeta\omega_n \end{bmatrix}$。

- **二阶系统对初始状态的响应：**
  - 特征方程：$\lambda^2+2\zeta\omega_n\lambda+\omega_n^2=0$。
  - 特征方程的解：$\begin{cases} \lambda_1=-\zeta\omega_n+\omega_n\sqrt{\zeta^2-1} \\ \lambda_2=-\zeta\omega_n-\omega_n\sqrt{\zeta^2-1} \end{cases}$。
  - 可采用相轨迹的方法分情况讨论分析。

- **二阶系统的单位阶跃响应：**
  - 系统输出的三个极点：$\begin{cases} s_{p1}=0 \\ s_{p2}=-\zeta\omega_n+\omega_n\sqrt{\zeta^2-1} \\ s_{p3}=-\zeta\omega_n-\omega_n\sqrt{\zeta^2-1} \end{cases}$，其中 s_{p1} 来自输入，s_{p2} 和 s_{p3}
  是传递函数的极点。
  - 欠阻尼系统 $(0<\zeta<1)$：$x(t)=1-\mathrm{e}^{-\zeta\omega_n t}\left[\cos\omega_d t+\dfrac{\zeta}{\sqrt{1-\zeta^2}}\sin\omega_d t\right]$。
  - 无阻尼系统 $(\zeta=0)$：$x(t)=1-\cos\omega_n t$。
  - 临界阻尼系统 $(\zeta=1)$：$x(t)=1-\mathrm{e}^{-\omega_n t}(1+\omega_n t)$。
  - 过阻尼系统 $(\zeta>1)$：

  $$x(t)=1-\frac{1}{2\sqrt{\zeta^2-1}(\zeta-\sqrt{\zeta^2-1})}\mathrm{e}^{(-\zeta\omega_n+\omega_n\sqrt{\zeta^2-1})t}+$$
  $$\frac{1}{2\sqrt{\zeta^2-1}(\zeta+\sqrt{\zeta^2-1})}\mathrm{e}^{(-\zeta\omega_n-\omega_n\sqrt{\zeta^2-1})t}。$$

- **二阶系统性能指标：**
  - 上升时间：系统第一次到达稳定点的时间，体现了系统的反应速度。
  - 最大超调量：系统输出的最大值(峰值)减去稳态值，再乘以 100%。
  - 稳定时间：系统进入稳态的误差范围内的时间，一般就是最终状态的 2% 以内。

稳 定 性

本章将讨论自动控制理论中最重要的概念——**稳定性**（**Stability**）。稳定性是控制系统的基础，如果系统不稳定，其他的性能则无从说起。误差分析、性能分析和最优化分析等只有使用在稳定系统上才有意义。在前面的章节中，已经或多或少地涉及了一些稳定性的概念，本章中将以更加严谨的数学语言介绍并讨论稳定性的概念。**本章的学习目标为：**

- 掌握李雅普诺夫意义下的稳定性、渐近稳定及输入输出稳定的定义。
- 掌握经典控制理论中通过传递函数的极点判断稳定性的方法。
- 掌握使用状态空间方程判定系统稳定性的方法。

6.1 系统稳定性的定义

6.1.1 稳定性的直观理解

对于稳定性而言，相信各位读者在日常生活中都会有自己的见解，例如保持收支平衡是一种稳定，保持工作与生活平衡是一种稳定，保持饮食与运动平衡也是一种稳定，稳定就是要保持平衡。如图 6.1.1(a)所示，假设在一条轨道上选取三个位置 A、B 和 C。其中 A 点和 C 点的区别在于，A 点是光滑的轨道而 C 点则带有摩擦。如果时间零点 $t=0$ 时刻，在 A、B、C 这三个位置上分别放置一个小球，它们都是可以保持静止不动的。用数学语言来表示就是 $\left.\dfrac{\mathrm{d}x(t)}{\mathrm{d}t}\right|_{t=0}=0$，其中 $x(t)$ 是小球的位移，定义向右为正方向，此刻 $x(t)$ 对时间的导数为 0，说明未来它不会随时间变化。根据第 3 章的介绍，A、B 和 C 都是这个小球系统的**平衡点**。

下面考虑当小球偏离了平衡点后发生的情况。如图 6.1.1(b)所示，首先看 A 点，如果小球的初始位置偏离了平衡点 A，它的运动轨迹会是一条正弦曲线，始终围绕 A 点左右循环往复运动，其幅度不会增加也不会减小。其次看 B 点，假设小球的初始位置在 B 点左边一点，释放之后它就会随着时间的增加远离 B 点，如果没有外力的介入，它将无法再回到 B 点。最后看 C 点，它和 A 点类似，但是因为存在着摩擦，能量会有所损耗，所以它的运动幅度会越摆越小，最终回到 C 点。

以图 6.1.1(b)为例，可以给稳定性做一个不严谨的定义，对于在轨道上的小球：

(1) 平衡点 A 是临界稳定的。说它稳定，是因为小球在它附近运动时始终有界；说它

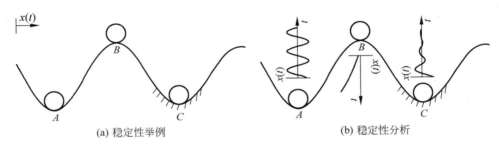

(a) 稳定性举例　　　　　　　　(b) 稳定性分析

图 6.1.1　小球轨道稳定性分析

不稳定,是因为小球一直在运动,而不会停在平衡点 A 上。

（2）平衡点 B 是不稳定的。一旦小球偏离平衡点 B 后,就不会再回来了。

（3）平衡点 C 是稳定的,因为小球随着时间的增加最终会回到平衡点。

6.1.2　稳定性的定义

6.1.1 节从直观上解释了稳定性的含义,下面将介绍严谨的数学定义。在 1892 年,俄国数学家亚历山大·李雅普诺夫(**Aleksandr Lyapunov**)在其博士论文《运动稳定性的一般问题》中提出了稳定性的科学概念。本书将选用这个概念来定义系统的稳定性,它是一个通用的概念,既可以运用在线性系统中,也可以运用到非线性的系统分析中。

首先介绍平衡点的定义,考虑一个**无输入**的状态空间方程表达式,即

$$\frac{\mathrm{d}z(t)}{\mathrm{d}t} = f(z(t)) \tag{6.1.1}$$

式(6.1.1)中的 $f(z(t))$ 可以是线性的,也可以是非线性的,它是一个通用的表达式。其中,$z(t)$ 是系统的状态变量。定义 z_f 是系统的平衡点,如果在 $t=t_0$ 时刻状态变量的初始值 $z(t_0)=z_f$,那么

$$z(t)=z_f, \quad \forall\, t \geqslant t_0 \tag{6.1.2a}$$

其中,$\forall$ 代表"**对于任意,或对所有(for all)**"。式(6.1.2a)说明当系统初始状态处于平衡点时,状态变量将不会随时间发生改变,例如图 6.1.1 中小球在初始状态时处于 A、B、C 三个位置。同时,根据式(6.1.1),有

$$z(t)=z_f$$

$$\Rightarrow \frac{\mathrm{d}z(t)}{\mathrm{d}t}=0$$

$$\Rightarrow f(z_f)=0, \quad \forall\, t \geqslant t_0 \tag{6.1.2b}$$

在接下来的分析中,我们将假设系统的平衡点在 $z_f=[\mathbf{0}]$ 位置,或者可以转换到零点位置,这个假设不会影响系统的一般性。定义两个重要的稳定性概念:

（1）**李雅普诺夫意义下的稳定性**(**Stability in the Sense of Lyapunov**):

如果平衡点 $z_f=0$ 满足

$$\forall\, t_0, \forall\, \varepsilon > 0, \exists\, \delta(t_0, \varepsilon): \|z(t_0)\| < \delta(t_0, \varepsilon) \Rightarrow \forall\, t \geqslant t_0, \quad \|z(t)\| < \varepsilon \tag{6.1.3}$$

则它被称为在李雅普诺夫意义下是稳定的。式(6.1.3)中,ε 是一个任意给定的实数,$\exists$ 代表存在,$\|\cdot\|$ 代表欧几里得范数(2 范数),例如,对于一个 n 维向量 $z(t)=[z_1(t), z_2(t), \cdots,$ $z_n(t)]^{\mathrm{T}}$,其欧几里得范数 $\|z(t)\| = \sqrt{z_1^2(t) + z_2^2(t) + \cdots + z_n^2(t)}$。

（2）**渐近稳定性（Asymptotic Stability）**：

在李雅普诺夫意义下的稳定性的基础上，如果平衡点 $z_f = 0$ 满足

$$\exists \delta(t_0) > 0 : \| z(t_0) \| < \delta(t_0) \Rightarrow \lim_{t \to \infty} \| z(t) \| = z_f = 0 \qquad (6.1.4)$$

则被称为渐近稳定。

如果平衡点不符合上面两种条件，则**不稳定**。

上述两个定义单纯从数学的角度比较晦涩难懂。为帮助读者理解，下面以一个二阶系统为例通过其相图来解释。假设一个二阶系统的状态变量为 $z(t) = [z_1(t), z_2(t)]^T$，将 $z_1(t)$ 作为横轴，$z_2(t)$ 作为纵轴在平面中表达出来。此时，它的欧几里得范数 $\| z(t) \| = \sqrt{z_1^2(t) + z_2^2(t)}$ 等于点 $[z_1(t), z_2(t)]^T$ 到原点的距离。其稳定性定义解释如图 6.1.2 所示的三条轨迹。

(a) 李雅普诺夫意义下的稳定性　　(b) 渐近稳定性　　(c) 不稳定

图 6.1.2　二阶系统稳定性的图形表达

在图 6.1.2 中，小圆的半径是 $\delta(t_0)$，在稳定性的定义中，系统的初始状态都位于小圆里面，即式（6.1.3）和式（6.1.4）中的 $\| z(t_0) \| < \delta(t_0)$。之后系统的状态变量会随时间发生改变。其中：

在图 6.1.2(a) 中，$z(t)$ 的运动轨迹始终在大圆（半径为 ε）内移动，满足式（6.1.3）中的 $\| z(t) \| < \varepsilon$，因此它符合李雅普诺夫意义下的稳定性，这也说明李雅普诺夫意义下的稳定性是"界限"的概念。

在图 6.1.2(b) 中，随着时间的增加，状态变量最终收敛于平衡点 $z_f = 0$（$\lim_{t \to \infty} \| z(t) \| = 0$），根据式（6.1.4），平衡点是渐近稳定的，它是比李雅普诺夫意义下的稳定性更加严格的一种稳定性。

图 6.1.2(c) 的轨迹最终超出了大圆之外，即 $\| z(t) \| > \varepsilon$，所以它是不稳定的。

参数 $\delta(t_0)$ 和 ε 的物理意义可以这样来理解：ε 是一个稳定性的指标，如果状态变量始终在 ε 以内，那么平衡点就符合李雅普诺夫意义下的稳定。$\delta(t_0)$ 则是平衡点稳定的前提条件，或者说是稳定所能承受的最大干扰，也可以理解为收敛域。以图 6.1.1 为例，点 A 是一个李雅普诺夫意义下的稳定点，因为在小的扰动条件下它始终会在 A 点附近的范围内运动。但如果扰动过大，例如把小球放到了 B 点的右边，那它将无法自动回到 A 点附近摆动。

根据上述分析，如果 $\delta(t_0)$ 可以任意选择（选择无限大），那么就可以推断出平衡点是**全局稳定（Global Stability）**，因为不管系统的初始状态在任何位置，它都可以最终收敛到一个

范围之内(渐近稳定时收敛于0)。反之,如果 $\delta(t_0)$ 的选择是有条件的,则平衡点是**局部稳定(Local Stability)**。

6.1.3　稳定性的研究对象

在分析系统的稳定性时,一定要明确分析的对象。在 6.1.2 节中,稳定性的定义是针对平衡点的。而一个动态系统的平衡点可能有很多个,例如一个单摆系统,如图 6.1.3(a)所示。在没有外力的作用下,这个动态系统有两个平衡点,分别是直上(A 点)和直下(B 点)。其中,垂直向下的 B 点本身是一个渐近稳定的平衡点,当小球小范围偏离 B 点的时候,它会自己摆回来并最终停在 B 点。而 A 点则不同,小球可以稳定地停在 A 点(无速度),但是它一旦偏离 A 点,在没有外力的作用下,就将远离 A 点。因此,如果希望将 A 点也改变为渐近稳定点,就需要引入外力,例如在单摆的两边各加入一个吹风机。吹风机的风力强度由小球偏离 A 点的距离决定。这样就形成了一个反馈控制系统,其框图如图 6.1.3(b)所示。控制器 $C(s)$ 设计的目标就是将 A 点转化成为一个稳定的平衡点。除此之外,我们甚至可以设计出合适的控制器,使得小球稳定在 C 点这样一个倾斜的位置。此时的控制器设计需要达成两个目标:第一,使 C 点成为系统的平衡点;第二,使 C 点成为一个渐近稳定的平衡点。

(a) 单摆系统　　　　　　　　　　　　(b) 单摆反馈控制框图

图 6.1.3　单摆的平衡性与控制

6.2　稳定性与传递函数

6.1 节介绍了稳定性的定义及稳定性的研究对象,本节将探讨稳定性与传递函数的关系。

如图 6.2.1 所示的动态系统,其输入 $U(s)$ 与输出 $X(s)$ 的关系为

$$X(s) = U(s)G(s) \tag{6.2.1}$$

图 6.2.1　动态系统框图

其中,$G(s)$ 为系统的传递函数。

在经典控制理论体系中,会通过分析系统的单位冲激响应来判断稳定性,即令系统的输入 $u(t) = \delta(t)$,这是因为其拉普拉斯变换 $\mathcal{L}[\delta(t)] = 1$,不会引入极点/零点,这相当于分析传递函数本身的特性。此时,输出的拉普拉斯变换为

$$X(s) = U(s)G(s) = \mathcal{L}[\delta(t)]G(s) = G(s) \tag{6.2.2a}$$

即传递函数本身。式(6.2.2a)可以写成

$$X(s) = G(s)$$

$$= \frac{(s - s_{z1})(s - s_{z2}) \cdots (s - s_{zm})}{((s - s_{p1})(s - s_{p2}) \cdots (s - s_{pq}))((s - \sigma_1 \pm j\omega_1)(s - \sigma_2 \pm j\omega_2) \cdots (s - \sigma_r \pm j\omega_r))}$$

(6.2.2b)

式(6.2.2b)说明传递函数 $G(s)$ 包含 m 个零点,分别是 $s_{z1}, s_{z2}, \cdots, s_{zm}$。包含 q 个实数根极点,分别是 $s_{p1}, s_{p2}, \cdots, s_{pq}$。包含 r 对共轭复数根极点,分别是 $\sigma_1 \pm j\omega_1, \sigma_2 \pm j\omega_2, \cdots, \sigma_r \pm j\omega_r$。对式(6.2.2b)使用分式分解法并进行拉普拉斯逆变换,可得

$$x(t) = \sum_{i=1}^{q} A_i e^{s_{pi}t} + \sum_{k=1}^{r} B_k e^{\sigma_k t} \sin(\omega_k t + \varphi_k) \qquad (6.2.3)$$

其中,A_i、B_k 和 φ_k 由初始条件来决定。

通过式(6.2.3)可以得出以下结论:

- 传递函数极点的实数部分(s_{pi} 与 σ_k)将决定系统输出 $x(t)$ 的稳定性:
  - 当所有的 $s_{pi} < 0$ 且所有的 $\sigma_k < 0$ 时,$x(t)$ 将会随着时间的增加而不断衰减并趋于 0,满足渐近稳定。
  - 如果有任何一个或以上的 s_{pi} 或 σ_k 大于 0,$x(t)$ 将会随着时间的增加而发散。因此系统是不稳定的。
  - 如果存在着 s_{pi} 和 σ_k 等于 0 的情况,$x(t)$ 会随着时间的增加趋于常数或者保持在一个范围内振荡(有界)。这种情况下,系统符合李雅普诺夫意义下的稳定性。
- 如果传递函数极点存在着虚数部分 ω_k,则系统会产生振荡。振荡部分 $\sin(\omega_k t + \varphi_k)$ 在式(6.2.3)中与指数部分相乘,并不会影响系统的稳定性。

以上的结论可以用图 6.2.2 表示,图中"×"代表极点在复平面中的位置。请注意,在经典控制理论中,稳定特指渐近稳定。李雅普诺夫意义下的稳定(即极点在虚轴上的情况)会被称为**临界稳定**或者不稳定。在这样的定义下,从经典控制理论的角度来看,式(6.2.1)所描述的动态系统稳定的条件是:**传递函数的极点均在复平面的左半部分**。

图 6.2.2　传递函数极点在复平面的位置与稳定性的关系

此外,当系统的单位冲激响应满足渐近稳定条件时,针对每一个有界的输入 $u(t)$,系统的输出 $x(t)$ 也都会有界,不会发散到无限大。这种性质被称为**有界输入有界输出稳定**(**BIBO Stable,Bounded Input Bounded Output Stable**)。如果一个系统不满足 BIBO 稳定,就意味着一个有限的输入可能会导致无穷幅度的输出,这很有可能会对系统造成破坏性的影响。

> BIBO 稳定严格要求系统单位冲激响应要满足渐近稳定。如果系统的传递函数存在虚轴上的极点(临界稳定),则不符合 BIBO 稳定,因为有限的输入也有可能令系统产生共振,使得输出的振幅无限大(参考 9.4 节)。

将动态系统稳定性的结论拓展到控制系统中,有助于明确控制器的设计目标,考虑图 6.2.3(a)所示的闭环控制系统,根据 2.3.2 节中所介绍的框图化简方法,得到图 6.2.3(b),其中参考值 $R(s)$ 与输出 $X(s)$ 之间的关系为

$$X(s) = R(s)\frac{C(s)G(s)}{1 + C(s)G(s)} = R(s)G_{cl}(s) \tag{6.2.4}$$

其中,$G_{cl}(s) = \dfrac{C(s)G(s)}{1 + C(s)G(s)}$ 代表了闭环传递函数。此时可以将此闭环控制系统考虑为一个新的动态系统,输入是参考值 $R(s)$,输出是 $X(s)$。

(a)闭环控制系统框图　　　　　　　(b)闭环控制系统简化框图

图 6.2.3　闭环控制系统

通过前面的分析,此时控制器设计的首要目标,就是通过设计 $C(s)$ 使得闭环传递函数 $G_{cl}(s) = \dfrac{C(s)G(s)}{1 + C(s)G(s)}$ 的极点均在复平面的左半部分,因为只有这样才可以保障系统输出 $x(t)$ 的单位冲激响应是渐近稳定的,也就是保障当参考输入 $R(s)$ 有界的时候,输出 $X(s)$ 也始终有界(BIBO 稳定)。只有在稳定的基础上,才有可能进一步地改进算法来调节系统的响应速度与最终的误差。

6.3　稳定性与状态空间方程

6.2 节讨论了经典控制理论中使用传递函数的极点来判断系统稳定性的方法。本节将分析稳定性与状态空间方程的关系。使用状态空间方程描述线性时不变系统的一般表达式为

$$\frac{dz(t)}{dt} = Az(t) + Bu(t) \tag{6.3.1a}$$

$$y(t) = Cz(t) + Du(t) \tag{6.3.1b}$$

其中,$z(t)$ 是状态变量,$y(t)$ 是系统的输出,$u(t)$ 是系统的输入,矩阵 A 是状态矩阵,矩阵 B

是输入矩阵,矩阵 C 是输出矩阵,矩阵 D 是直接传递矩阵。

如式(6.3.1b)所示,系统的输出 $y(t)$ 是状态变量 $z(t)$ 与输入 $u(t)$ 的线性组合,如果系统的状态变量和输入都有界,那么系统的输出也是有界的(符合李雅普诺夫意义下的稳定性)。所以在讨论稳定性的时候,可以直接分析式(6.3.1a)。

首先考虑 0 输入状态,即 $u(t)=0$。在 3.3 节中详细分析了状态矩阵 A 的特征值与平衡点类型之间的关系,这一结论可以直接和系统的稳定性结合起来。回顾 3.3.3 节二维系统相轨迹并对照 6.1.2 节中稳定性的定义,如果 A 是一个二维矩阵,那么其特征值与稳定性的关系见表 6.3.1。

表 6.3.1 状态矩阵 A 的特征值与稳定性

$\lambda_{1,2}=\sigma\pm\omega j$	特征值 λ_1,λ_2 分类与说明		平衡点类型	稳定性分析
特征值为实数 ($\omega=0$)	$\lambda_1\lambda_2>0$ 且 $\lambda_1+\lambda_2<0$	λ_1 和 λ_2 都为负数	稳定节点	渐近稳定
	$\lambda_1\lambda_2<0$	λ_1 和 λ_2 一正一负	鞍点	不稳定
	$\lambda_1\lambda_2>0$ 且 $\lambda_1+\lambda_2>0$	λ_1 和 λ_2 都为正数	不稳定节点	不稳定
特征值为复数 ($\omega\neq0$)	$\lambda_{1,2}=\pm\omega j$	特征值为纯虚数	中心点	李雅普诺夫意义下的稳定
	$\lambda_{1,2}=\sigma\pm\omega j(\sigma>0)$	实部大于 0	不稳定焦点	不稳定
	$\lambda_{1,2}=\sigma\pm\omega j(\sigma<0)$	实部小于 0	稳定焦点	渐近稳定

上述分析方法可以推广到更高维度的状态矩阵中。对于 n 维向量 $z(t)$,首先令 $z(t)=P\bar{z}(t)$,其中,P 是过渡矩阵,由矩阵 A 的特征向量组成。可得

$$\frac{\mathrm{d}\bar{z}(t)}{\mathrm{d}t}=\begin{bmatrix} \lambda_1 & \cdots & 0 \\ \vdots & \ddots & \vdots \\ 0 & \cdots & \lambda_n \end{bmatrix}\bar{z}(t) \tag{6.3.2}$$

其中,λ_i 代表 A 的特征值,由式(6.3.2)可得

$$\begin{cases} \bar{z}_1(t)=C_1 \mathrm{e}^{\lambda_1 t} \\ \quad\vdots \\ \bar{z}_n(t)=C_n \mathrm{e}^{\lambda_n t} \end{cases} \tag{6.3.3}$$

关于式(6.3.2)和式(6.3.3)的详细推导,请参考 3.2.2 节。原向量 $z(t)$ 是 $\bar{z}(t)$ 的线性组合,所以它的收敛或发散与 $\bar{z}(t)$ 一致。因此,我们可以将二维状态变量平衡点稳定判定方法沿用到更高维度的情况下,得到关于状态空间方程稳定性的两个结论:

考虑零输入系统的状态空间方程为 $\frac{\mathrm{d}z(t)}{\mathrm{d}t}=Az(t)$:

- 如果 A 的特征值的实部都不大于 0,它的平衡点将符合李雅普诺夫意义下的稳定性。
- 如果 A 的特征值的实部都小于 0,它的平衡点将符合渐近稳定性。

上述结论为系统的控制器设计提供了思路。在闭环控制系统中,输入 $u(t)$ 是状态变量的一个函数,例如 $u(t)=-Kz(t)$,其中矩阵 K 是控制矩阵。式(6.3.1a)可以写成

$$\frac{\mathrm{d}z(t)}{\mathrm{d}t}=Az(t)-BKz(t)=(A-BK)z(t)=A_{\mathrm{cl}}z(t) \tag{6.3.4}$$

其中,$A_{cl}=A-BK$,代表闭环控制系统的状态矩阵。根据上述分析,如果希望得到一个渐近稳定的系统,则需要设计合适的控制矩阵 K,使得 A_{cl} 的特征值实部都为负数。

6.4　本章要点总结

- **稳定性的定义:**
    - 李雅普诺夫意义下的稳定性:随着时间的增加,系统的状态变量始终在平衡点附近移动(有界)。
    - 渐近稳定性:随着时间的增加,系统的状态变量会最终收敛于平衡点。
- **稳定性与传递函数:**
    - 在研究系统稳定性的时候考虑单位冲激响应,即传递函数本身。
    - 系统稳定的条件是系统的闭环传递函数的极点均在复平面的左半部分(实部小于 0)。此时系统满足**有界输入有界输出稳定**。
- **稳定性与状态空间方程:**
    - 状态矩阵的特征值的实部决定了系统的稳定性:
        - 当实部都不大于 0 时,系统符合李雅普诺夫意义下的稳定性。
        - 当实部都小于 0 时,系统符合渐近稳定性。

基于传递函数的控制器设计(1)
——比例积分控制

前 6 章详细地介绍了动态系统的数学建模方法、一阶和二阶系统的时域响应,以及系统的稳定性分析,这些内容都是为控制器的设计在打基础。本章与第 8 章将重点分析基于传递函数的控制器设计。**本章的学习目标为:**

- 掌握闭环控制系统的控制器设计流程与思路。
- 理解比例控制算法及其局限性。
- 理解终值定理并掌握如何运用它去分析控制系统的稳态误差。
- 理解积分控制算法及其参数对系统的作用,并了解其局限性。
- 了解如何使用饱和函数处理含约束的系统。

7.1　引子—— 燃烧卡路里

在第 2 章**例 2.1.1** 中,我们分析了体重变化与热量输入的关系,并建立了体重变化系统的动态微分方程,即

$$7000\frac{\mathrm{d}m}{\mathrm{d}t} + 10\alpha m = E_\mathrm{i} - E_\mathrm{a} - \alpha(6.25h - 5a + S) \tag{7.1.1}$$

其中,$m(t)$ 是体重;α 是劳动强度系数,始终大于零;E_i 是热量摄入,来源于饮食;E_a 是额外的运动消耗;h 是身高;a 是年龄;S 是一个和性别相关的调整系数,其中,男性:$S=5$;女性:$S=-161$。为进一步简化式(7.1.1),令 $6.25h - 5a + S = C$(C 是常数),因为一个人成年之后的身高和性别一般都是不变的,而年龄的变化也比较缓慢。此时式(7.1.1)可以化简为

$$7000\frac{\mathrm{d}m(t)}{\mathrm{d}t} + 10\alpha m(t) = E_\mathrm{i} - E_\mathrm{a} - \alpha C \tag{7.1.2}$$

将式(7.1.2)中人体体重变化考虑为一个动态系统,定义其输入是 $u(t) = E_\mathrm{i} - E_\mathrm{a}$,它代表了每日的净热量输入(即饮食中的热量摄入减去额外运动的消耗)。系统的输出是体重 $x(t) = m(t)$。此外,引入 $d(t) = -\alpha C$,代表系统的**扰动量(Disturbance)**,在本例中是常数。此时式(7.1.2)可以写成

$$7000\frac{\mathrm{d}x(t)}{\mathrm{d}t} + 10\alpha x(t) = u(t) + d(t) \tag{7.1.3}$$

对式(7.1.3)等号两边进行拉普拉斯变换,可得

$$7000(sX(s) - x_0) + 10\alpha X(s) = U(s) + D(s)$$
$$\Rightarrow (7000s + 10\alpha)X(s) = U(s) + D(s) + 7000x_0 \qquad (7.1.4)$$

其中，$x_0 = x(0)$，是输出 $x(t)$ 初始状态时的值，也就是初始体重。调整后可以得到动态系统的传递函数，即

$$G(s) = \frac{X(s)}{U(s) + D(s) + 7000x_0} = \frac{1}{7000s + 10\alpha} \qquad (7.1.5)$$

图 7.1.1　体重系统框图

其对应的系统框图如图 7.1.1 所示。

这是一个典型的一阶系统，根据第 4 章的分析，其中 $U(s)$ 和 $D(s)$ 是以阶跃形式作用在系统上，初始状态 $7000x_0$ 则是以冲激方式作用在系统上。通过传递函数极点分析系统的稳定性，令式(7.1.5)分母为 0，得到 $G(s)$ 的特征方程为

$$7000s + 10\alpha = 0$$
$$\Rightarrow s_p = -\frac{\alpha}{700} < 0 \qquad (7.1.6)$$

式(7.1.6)说明传递函数的极点在复平面的左半部分，根据第 6 章的分析，系统是渐近稳定的，同时满足 BIBO 稳定。因此，当输入 $U(s) + D(s) + 7000x_0$ 有界的时候，输出也一定有界。

选取三个典型大学男生的情况作为案例分析。如表 7.1.1 所示，他们三人的初始体重都是 70kg，身高都是 175cm，年龄都是 20 岁。因为他们都是学生，日常的作息就是上课和学习，并没有大体力劳动，所以劳动强度系数选取 $\alpha = 1.3$。案例 1 和案例 3 中的两位每天都会摄入 2500kCal。这体现了大多数大学生的每日饮食标准：包含 400g 米饭、2 个鸡蛋、3 份炒菜、1 个苹果、1 瓶可乐和 5 个烤串。案例 2 中的同学不吃烤串也不喝可乐，所以他的摄入比其他两个人每天少 400kCal，是 2100kCal。最后，案例 1 和案例 2 都是宅男，他们每天不运动，只靠基础消耗。但是案例 3 每天会慢跑 1 小时，额外消耗 500kCal。

表 7.1.1　体重系统案例分析

编号	性别 $S = 5$	初始体重 $x(0)$/kg	身高 h/cm	年龄 a	热量摄入 E_i/kCal	劳动强度系数 α	额外热量消耗 E_a/kCal
案例 1					2500		0
案例 2	男	70	175	20	2100	1.3	0
案例 3					2500		500

在上述条件下，他们三个人的体重随时间的变化如图 7.1.2 所示。案例 1 作为一个宅男，他每天吃 2500kCal，没有额外的运动，在初始状态时他的热量摄入大于热量的输出（基础代谢），所以热量会在其体内累加，体重便会从 70kg 开始上升。而随着体重的增加，他的基础代谢在不断地升高，最终有一天达到了热量摄入与支出的平衡，体重达到了稳定的 92.4kg。再来看案例 2，虽然他也是个宅男，但他与案例 1 不同，他不喝可乐也不吃烤串。所以随着时间的增加，他的体重反而会下降，最后稳定在 61.7kg 左右。我相信在大家身边都有比较胖和比较瘦的宅男，这是因为他们的饮食习惯不同而造成的。最后看案例 3，他的饮食习惯和案例 1 相同，什么都吃，但是他每天会运动 1 小时。随着时间的增加，他的体重最终会稳

定在 $54\mathrm{kg}$ 左右,这是一个非常适合跑马拉松的体重。

图 7.1.2　案例分析

下面请思考一个问题,案例 1 的宅男在放飞自我一段时间之后想要减肥,想要将体重从 $90\mathrm{kg}$ 降到 $65\mathrm{kg}$,他应该如何来调整饮食与运动? 如何去建立一个闭环控制系统来解决这个问题,将是我们在下面几节中去深入讨论的话题。

> 需要说明的是,图 7.1.2 中的横轴显示了这是一个长期的过程(2500 天),所以在这个过程中,年龄实际上发生了变化(增加了 6 年多),因此基础代谢部分实际上是变化的(这是一个"时变"系统)。但是,这个变化对系统的影响并不是很大,所以为了方便分析,本章内容将忽略年龄变化的影响,仍将系统考虑为"时不变"系统。

比例积分控制—系统建模内容请扫描此二维码观看。

7.2　比例控制

7.1 节的末尾提出了一个具体的控制问题:如何通过调整饮食和运动帮助案例 1 的同学重新回到健康的体重(从 $90\mathrm{kg}$ 降到 $65\mathrm{kg}$)。要解决这个问题,首先需要构建一个闭环反馈控制系统,如图 7.2.1 所示,引入参考值 $r(t)$,即目标体重,在此例中它是一个常数,即 $r(t)=r=65\mathrm{kg}$。其所对应的拉普拉斯变换为 $R(s)=\dfrac{r}{s}$。参考值与输出之间的差距定义为误差 $e(t)=r(t)-x(t)$,其对应的拉普拉斯变换为 $E(s)=R(s)-X(s)$。$C(s)$ 是控制器,包含了我们需要设计的控制算法。误差信号通过控制器之后形成控制量,即原动态系统的输入 $U(s)=E(s)C(s)$。

图 7.2.1　体重闭环控制系统框图

人们在控制体重时会很自然地想到一种策略：当体重大于目标值的时候，那就多运动，少吃饭，而且超重得越多，就越要多运动，越要少吃饭。反之亦然。这种简单粗暴的策略被称为**比例控制**（**Proportional Controller**），即系统的控制量与误差成正比，令

$$u(t) = K_P e(t) \tag{7.2.1a}$$

其中，$K_P > 0$，称为**比例增益**（**Proportional Gain**）。其拉普拉斯变换为

$$U(s) = K_P E(s) \tag{7.2.1b}$$

使用比例控制的系统框图如图 7.2.2 所示。

图 7.2.2　体重系统比例控制器闭环框图

此时，系统的输出可以表达为

$$X(s) = \frac{U(s) + D(s) + 7000x_0}{7000s + 10\alpha} = \frac{E(s)K_P + D(s) + 7000x_0}{7000s + 10\alpha}$$

$$= \frac{(R(s) - X(s))K_P + D(s) + 7000x_0}{7000s + 10\alpha}$$

$$\Rightarrow X(s) = \frac{K_P R(s) + D(s) + 7000x_0}{7000s + 10\alpha + K_P} \tag{7.2.2}$$

根据前面的定义，$d(t) = -\alpha C$，可得 $D(s) = -\dfrac{\alpha C}{s}$。又已知 $R(s) = \dfrac{r}{s}$，式(7.2.2)变为

$$X(s) = \frac{K_P \dfrac{r}{s} - \dfrac{\alpha C}{s} + 7000x_0}{7000s + 10\alpha + K_P} = \frac{K_P r - \alpha C + 7000x_0 s}{s(7000s + 10\alpha + K_P)} \tag{7.2.3}$$

根据式(7.2.3)，$X(s)$ 有两个极点，分别为 $s_{p1} = 0$ 和 $s_{p2} = -\dfrac{K_P + 10\alpha}{7000}$。其中，$s_{p1}$ 是输入 $U(s)$ 和扰动 $D(s)$ 的极点，s_{p2} 是闭环传递函数的极点。对式(7.2.3)进行分式分解，可得

$$X(s) = \left(\frac{K_P r - \alpha C}{K_P + 10\alpha}\right)\frac{1}{s} + \left(x_0 - \frac{K_P r - \alpha C}{K_P + 10\alpha}\right)\frac{1}{s + \dfrac{K_P + 10\alpha}{7000}} \tag{7.2.4}$$

对式(7.2.4)进行拉普拉斯逆变换，得到

$$x(t) = \mathcal{L}^{-1}[X(s)] = \frac{K_P r - \alpha C}{K_P + 10\alpha}e^{0t} + \left(x_0 - \frac{K_P r - \alpha C}{K_P + 10\alpha}\right)e^{-\frac{K_P + 10\alpha}{7000}t}$$

$$= \frac{K_P r - \alpha C}{K_P + 10\alpha} + \left(x_0 - \frac{K_P r - \alpha C}{K_P + 10\alpha}\right)e^{-\frac{K_P + 10\alpha}{7000}t} \tag{7.2.5}$$

在式(7.2.5)中，输出 $x(t)$ 的稳定性与传递函数的极点 $s_{p2} = -\dfrac{K_P + 10\alpha}{7000}$ 相关。在本例中，$K_P > 0$，因此 $s_{p2} < 0$。说明随着时间的增加，$e^{-\frac{K_P + 10\alpha}{7000}t}$ 项将趋于 0。因此，可以通过式(7.2.5)得到系统输出的终值，即

$$x(\infty) = \lim_{t \to \infty} x(t) = \lim_{t \to \infty} \left(\frac{K_P r - \alpha C}{K_P + 10\alpha} + \left(x_0 - \frac{K_P r - \alpha C}{K_P + 10\alpha} \right) e^{-\frac{K_P + 10\alpha}{7000}t} \right)$$

$$= \frac{K_P r - \alpha C}{K_P + 10\alpha} \tag{7.2.6}$$

图 7.2.3(a)呈现了在不同 K_P 下系统输出 $x(t)$ 随时间的变化(其中,初始体重 $x_0 = 90\text{kg}$,目标体重 $r = 65\text{kg}$,其余条件参考表 7.1.1 案例 1)。式(7.2.6)和图 7.2.3(a)说明比例增益 K_P 越大,系统的终值 $x(\infty)$ 越接近于参考值 r。图 7.2.3(b)显示了不同 K_P 下的系统控制量 $u(t)$ 随时间的变化。

(a) 系统输出x(t)随时间的变化　　　　　(b) 系统控制量u(t)=K_Pe(t)随时间的变化

图 7.2.3　不同比例增益情况下系统的输出与控制量随时间的变化

系统误差的终值称为**稳态误差**(**Steady State Error**),根据式(7.2.6),得到

$$e_{ss} = e(\infty) = r - x(\infty) = r - \frac{K_P r - \alpha C}{K_P + 10\alpha} = \frac{10\alpha r + \alpha C}{K_P + 10\alpha} \tag{7.2.7}$$

所以 K_P 越大,稳态误差 e_{ss} 就越小,这和图 7.2.3(a)所示的现象一致(K_P 越大,输出的终值 $x(\infty)$ 越靠近参考值)。当 $K_P \to \infty$ 时,$e_{ss} = 0$。但是在实际情况中,K_P 不可能无限地增大,例如本例中每天的热量摄入和运动都是有限的。这就决定了比例控制的局限性,它无法消除稳态误差。我们需要引入新的手段和方法来解决这个问题。

> 另外,请读者观察图 7.2.3(b),会发现 K_P 越大时,控制量输入的变化幅度就越大,这是因为控制量与误差成正比。同时,K_P 越大,系统的响应越快。读者可以参考 4.2.3 节中关于一阶系统的时间常数概念进行分析,这里不再赘述。另外需要注意的是,图 7.2.3 显示的只是一个理论结果,在实际情况中并不可行,在 7.4 节中会讨论这一现象。

7.3　比例积分控制器

在 7.2 节的最后讨论了比例控制的局限性,说明只依靠比例控制无法消除稳态误差。本节将引入新的控制手段来解决这一问题。

7.3.1 终值定理

根据式(7.2.6)计算得出系统输出的终值,根据式(7.2.7)得到了稳态误差。请读者重新审视从式(7.2.3)到式(7.2.7)的推导过程,它用到了分式分解法和拉普拉斯逆变换,整个过程比较复杂,尤其是针对高阶的系统,计算量会非常大。为了快速得到系统的稳态值,本节将引入**终值定理**(Final Value Theorem,FVT)。这一定理将时间趋于无穷时的时域表达与复数域之间联系起来。它的定义如下:如果 $\lim\limits_{t\to\infty} x(t)$ 存在,且 $X(s) = \mathcal{L}[x(t)]$,那么

$$\lim_{t\to\infty} x(t) = \lim_{s\to 0} sX(s) \tag{7.3.1}$$

请读者注意使用终值定理的前提条件,那就是要求 $\lim\limits_{t\to\infty} x(t)$ 存在。从控制系统的角度来看,即要求 $x(t)$ 最终稳定在一个值上。

对式(7.2.3)使用终值定理,可以得到系统输出的终值,即

$$\lim_{t\to\infty} x(t) = \lim_{s\to 0} sX(s) = \lim_{s\to 0} s\,\frac{K_{\mathrm{P}}r - \alpha C + 7000x_0 s}{s(7000s + 10\alpha + K_{\mathrm{P}})}$$

$$= \lim_{s\to 0} \frac{K_{\mathrm{P}}r - \alpha C + 7000x_0 s}{7000s + 10\alpha + K_{\mathrm{P}}} = \frac{K_{\mathrm{P}}r - \alpha C}{K_{\mathrm{P}} + 10\alpha} \tag{7.3.2}$$

式(7.3.2)的结果和式(7.2.6)的结果一致,但求解过程要方便很多。更重要的是,这个定理不仅简化了求解的中间步骤,也为我们设计控制器消除稳态误差提供了思路。

7.3.2 积分控制

本节将利用终值定理来辅助设计控制器以消除系统的稳态误差。为了简化分析,我们先将体重控制的案例暂时放一下,从一个一般性例子着手分析。考虑一个零初始条件且不含扰动的一阶系统,其系统框图如图7.3.1所示,其中 $a > 0$。控制的目标是令系统的输出 $x(t)$ 等于参考值 $r(t) = r$(常数)。

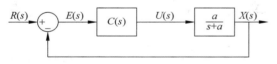

图 7.3.1 一阶闭环控制系统框图

根据图7.3.1,系统输出 $X(s)$ 可以表达为

$$X(s) = U(s)\,\frac{a}{s+a} = E(s)C(s)\,\frac{a}{s+a} = (R(s) - X(s))C(s)\,\frac{a}{s+a}$$

$$\Rightarrow X(s) = \frac{aR(s)C(s)}{s + a + aC(s)} = \frac{a\,\dfrac{r}{s}\,C(s)}{s + a + aC(s)} \tag{7.3.3}$$

其中,$R(s) = \dfrac{r}{s}$,是常数参考值的拉普拉斯变换。当使用比例控制器时,$C(s) = K_{\mathrm{P}}$,代入式(7.3.3)可得

$$X(s) = \frac{a\,\dfrac{r}{s}\,K_{\mathrm{P}}}{s + a + aC(s)} = \frac{arK_{\mathrm{P}}}{s(s + a + aK_{\mathrm{P}})} \tag{7.3.4}$$

对式(7.3.4)使用终值定理,可得

$$\lim_{t \to \infty} x(t) = \lim_{s \to 0} sX(s) = \lim_{s \to 0} s\,\frac{arK_P}{s(s+a+aK_P)}$$

$$= \lim_{s \to 0} \frac{arK_P}{s+a+aK_P} = \frac{arK_P}{a+aK_P} = \frac{rK_P}{1+K_P} \tag{7.3.5}$$

其稳态误差为

$$e_{ss} = r - \lim_{t \to \infty} x(t) = r - \frac{rK_P}{1+K_P} = \frac{1}{1+K_P}r \tag{7.3.6}$$

此外,也可以直接根据图 7.3.1 得到误差的拉普拉斯变换为

$$E(s) = R(s) - E(s)C(s)\frac{a}{s+a}$$

$$\Rightarrow E(s) = \frac{(s+a)R(s)}{s+a+aC(s)} \tag{7.3.7}$$

将 $R(s) = \dfrac{r}{s}$ 和 $C(s) = K_P$ 代入式(7.3.7),得到

$$E(s) = \frac{(s+a)\dfrac{r}{s}}{s+a+aK_P} = \frac{(s+a)r}{s(s+a+aK_P)} \tag{7.3.8}$$

对式(7.3.8)直接使用终值定理,得到

$$e_{ss} = \lim_{t \to \infty} e(t) = \lim_{s \to 0} sE(s) = \lim_{s \to 0} s\,\frac{(s+a)r}{s(s+a+aK_P)}$$

$$= \lim_{s \to 0} \frac{(s+a)r}{s+a+aK_P} = \frac{ar}{a+aK_P} = \frac{1}{1+K_P}r \tag{7.3.9}$$

式(7.3.9)与式(7.3.6)的结果一致。

式(7.3.9)说明,单纯依靠比例控制无法消除系统的稳态误差。因此需要设计不同的 $C(s)$,将 $R(s) = \dfrac{r}{s}$ 代入式(7.3.7)并使用终值定理,可得

$$e_{ss} = \lim_{t \to \infty} e(t) = \lim_{s \to 0} sE(s) = \lim_{s \to 0} \frac{(s+a)R(s)}{s+a+aC(s)}$$

$$= \lim_{s \to 0} s\,\frac{(s+a)\dfrac{r}{s}}{s+a+aK_P} = \lim_{s \to 0} \frac{(s+a)r}{s+a+aC(s)} = \frac{ar}{a+a\lim_{s \to 0}C(s)}$$

$$= \frac{r}{1+\lim_{s \to 0}C(s)} \tag{7.3.10}$$

根据式(7.3.10),如果希望消除稳态误差(即令 $e_{ss}=0$),则 $\dfrac{r}{1+\lim\limits_{s \to 0}C(s)}$ 的分母要无穷大,即

$\lim\limits_{s \to 0}C(s) = \infty$。为此,一个很自然的做法就是令 $C(s) = \dfrac{1}{s}$。在使用中令 $C(s) = \dfrac{K_I}{s}$,其中, K_I 被称为**积分增益(Integral Gain)**,可以根据不同的要求进行调节。此时,系统控制量的拉普拉斯变换为

$$U(s) = C(s)E(s) = \frac{K_I}{s}E(s) \tag{7.3.11a}$$

其对应的时域表达为

$$u(t) = K_I \int_0^t e(t) \mathrm{d}t \qquad (7.3.11b)$$

以上就是积分控制器的动机与推导过程,使用积分控制可以有效地消除稳态误差。将 $C(s) = \dfrac{K_I}{s}$ 代入式(7.3.3)中,得到

$$X(s) = \frac{a\dfrac{r}{s}C(s)}{s+a+aC(s)} = \frac{a\dfrac{r}{s}\dfrac{K_I}{s}}{s+a+a\dfrac{K_I}{s}} = \frac{r}{s}\frac{aK_I}{s^2+as+aK_I}$$

$$\Rightarrow (s^2+as+aK_I)X(s) = \frac{aK_I r}{s} \qquad (7.3.12)$$

对式(7.3.12)等号两边进行拉普拉斯逆变换,可得

$$\mathcal{L}^{-1}\big[(s^2+as+aK_I)X(s)\big] = \mathcal{L}^{-1}\left[\frac{aK_I r}{s}\right]$$

$$\Rightarrow \frac{\mathrm{d}^2 x(t)}{\mathrm{d}t^2} + a\frac{\mathrm{d}x(t)}{\mathrm{d}t} + aK_I x(t) = aK_I r \qquad (7.3.13)$$

式(7.3.13)说明在引入积分控制器之后,原始的一阶系统变成了二阶系统,式(7.3.13)对应了二阶系统的阶跃响应。类比第 5 章中二阶系统的一般形式,得到此二阶系统的阻尼比 ζ 和固有频率 ω_n 为

$$\begin{cases} 2\zeta\omega_n = a \\ \omega_n^2 = aK_I \end{cases} \Rightarrow \begin{cases} \zeta = \dfrac{a}{2\sqrt{aK_I}} \\ \omega_n = \sqrt{aK_I} \end{cases} \qquad (7.3.14)$$

> 正如 5.4.1 节所介绍的,此时的控制器设计就像是在设计一个"看不见"的弹簧质量阻尼系统,通过改变控制参数来调节此系统的固有频率和阻尼比。

例如,将式(7.3.14)代入式(5.4.3)中,可以得到上升时间为

$$T_r = \frac{\pi-\varphi}{\omega_n\sqrt{1-\zeta^2}} = \frac{\pi-\varphi}{\sqrt{aK_I}\sqrt{1-\dfrac{a}{4K_I}}} = \frac{\pi-\varphi}{\sqrt{aK_I-\dfrac{a^2}{4}}} \qquad (7.3.15a)$$

式(7.3.15a)说明 K_I 的增加将导致 T_r 的下降,加快系统的响应速度。将式(7.3.14)代入式(5.4.7)中,得到最大超调量为

$$M_p = \mathrm{e}^{\frac{-\zeta\pi}{\sqrt{1-\zeta^2}}} = \mathrm{e}^{\frac{-\frac{a}{2\sqrt{aK_I}}\pi}{\sqrt{1-\frac{a}{4K_I}}}} = \mathrm{e}^{\frac{-a\pi}{\sqrt{4aK_I-a^2}}} \qquad (7.3.15b)$$

式(7.3.15b)说明随着 K_I 的增加,超调量 M_p 也将增加。图 7.3.2 表示了不同的 K_I 对系统输出的影响(在此实验中选取 $G(s) = \dfrac{1}{s+1}$,参考值 $r(t) = 1$),可见积分控制很好地消除了稳态误差。

同时,图7.3.2与式(7.3.15)的结果说明了积分控制器设计中调参时的矛盾:在使用积分控制时,提高积分增益 K_I 可以加快系统的响应速度,但与此同时,超调量也会增加。

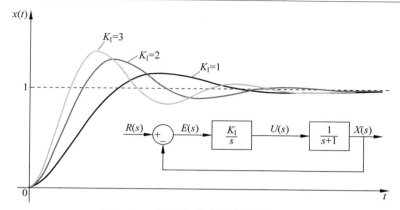

图 7.3.2 积分增益对系统输出的影响

请读者思考一个问题,如果目标参考值不是一个常数,而是随时间增加的**斜坡函数** $r(t)=rt$,其对应的拉普拉斯变换是 $R(s)=\dfrac{r}{s^2}$。那么它的稳态误差会是多少? 如果想要消除它的稳态误差,应该使用什么样的控制器? 请读者根据本节积分器设计思路自行推导,有兴趣的读者可以参考其他书籍有关系统类型的内容进行对比。

比例积分控制—PI控制器内容请扫描此二维码观看。

7.3.3 比例积分控制

7.3.2节说明,使用积分控制可以消除一阶系统的稳态误差。现在使用积分控制来调节体重,将 $C(s)=\dfrac{K_I}{s}$ 代入图7.2.1中,得到新的系统框图,如图7.3.3所示。

图 7.3.3 体重系统积分控制框图

当选择 $K_I=1$ 时,系统输出 $x(t)$ 随时间的变化如图7.3.4所示。

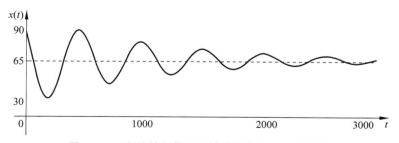

图 7.3.4 积分控制器下系统的输出随时间的变化

图 7.3.4 说明,在积分控制器的帮助下(正如我们所设计的),系统的输出最终会收敛于参考值 $r=65\text{kg}$,即使系统存在着扰动,积分控制器依然成功地消除了稳态误差。比较图 7.3.4 和图 7.2.3(a),会发现两个显著的区别。**第一**,使用积分控制器后,系统的输出存在振动和超调量。这是因为积分控制器的引入使得原来的一阶系统变成了二阶系统。**第二**,在观察横轴时可以发现,积分控制下的系统响应速度要远远慢于比例控制。从直观上理解,积分控制需要误差的累加,而累加则需要时间,因此反应相对"迟钝"。

综上所述,比例控制可以使系统快速地响应,而积分控制可以消除稳态误差,如果将二者结合起来,便可以兼顾两种控制器的优点,即**比例积分控制**。这是在工业界中应用最为广泛的控制方法。其控制器的拉普拉斯变换为 $C(s)=K_P+\dfrac{K_I}{s}$,系统的控制量可以写成

$$U(s)=K_P E(s)+\frac{K_I}{s}E(s) \tag{7.3.16a}$$

其对应的时域表达为

$$u(t)=K_I e(t)+K_I\int_0^t e(t)\mathrm{d}t \tag{7.3.16b}$$

在使用比例积分控制器后,体重控制的系统框图如图 7.3.5 所示。

图 7.3.5　体重系统比例积分控制器闭环框图

选取 $K_P=200,K_I=1$ 时,系统输出 $x(t)$ 随时间的变化如图 7.3.6(a)所示,控制量 $u(t)$ 随时间的变化如图 7.3.6(b)所示。可以发现,比例积分控制很好地将系统稳定在参考值上。而且相较于积分控制,其响应速度有了很大的改善。读者可以自己搭建这样的一个系统并调整不同的比例积分增益(K_P 和 K_I),观察系统的响应。在实际工程中,参数的调节是很重要的工作,很大程度上依靠经验,但也有一些小技巧,本书的重点是将控制器的原理介绍清楚,故不涉及调参的部分,有兴趣的读者可以参考其他资料。

(a) 系统输出$x(t)$随时间的变化　　(b) 系统控制量$u(t)=K_P e(t)+K_I\int_0^t e(t)\mathrm{d}t$随时间的变化

图 7.3.6　比例积分控制下系统的输出与控制量随时间的变化

比例积分控制—PI 控制器应用内容请扫描此二维码观看。

7.4　含有限制条件的控制器设计

很遗憾,前面几节推导出的控制器在现实生活中都无法实现,以最后的比例积分控制器为例:根据图 7.3.6(b),在初始条件下,控制量高达 $u(t)=-5000\text{kCal}$。请读者回想一下控制量 $u(t)$ 的物理意义,它是原体重动态系统的输入,在 7.1 节中定义 $u(t)=E_i-E_a$。它代表了净热量输入(食物热量摄入减去额外运动消耗)。因此 -5000kCal 就意味着要不吃不喝的同时慢跑至少 10 小时。这当然不是一个长久的方法,如果真有人这样做的话,恐怕连一天都坚持不了。

在实际工程应用中,控制量在很多情况下都是有限制条件(约束)的,例如在自动巡航系统中的发动机转速和扭矩,空调系统中的最大出风量等,它们都有工作上限。体重控制系统的限制是每日的净热量输入应当在一个人可以承受的范围内。处理这类带约束的问题有很多的方法,这里介绍一个最简单的方式,在图 7.3.5 的框图中加入一个**饱和函数(Saturation Function)**来限制 $U(s)$ 幅度,如图 7.4.1 所示。

图 7.4.1　含有限制的比例积分控制系统框图

饱和函数的定义为

$$u(t)=\begin{cases} u_{\max} & u(t) > u_{\max} \\ u(t) & u_{\max} \geqslant u(t) \geqslant u_{\min} \\ u_{\min} & u(t) < u_{\min} \end{cases} \tag{7.4.1}$$

使用中根据具体情况设置输入的最大值 $u_{\max}$ 和最小值 $u_{\min}$。

在本例中,即使在减肥的状态下,一个二十几岁的男生也要保证每天最低 1800kCal 的饮食摄入量,同时他可以保证每天健身 1.5 小时,消耗约 800kCal。这样的运动饮食已经属于比较极限的情况,需要强大的毅力才有可能坚持。如此算下来,每日净热量输入的最低值 $u_{\min}=E_i-E_a=1000\text{kCal}$。而他每天可以吃 5000kCal 且不运动,所以 $u_{\max}=5000\text{kCal}$。将上面的限制条件代入之后,得到新的系统的输出 $x(t)$ 与输入 $u(t)$ 随时间的变化,如图 7.4.2 所示。在加入饱和函数后,在开始的很长一段时间里,每日的净热量输入都维持在最低值 $u_{\min}=1000\text{kCal}$,直到体重降到目标值以下再开始慢慢恢复饮食,直到平衡在 65kg。比较图 7.4.2(a)和图 7.3.6(a),会发现加了饱和函数之后体重下降的速率明显减慢了,这也从侧面说明了减重是一个长期的工作,不可能一蹴而就,需要长久的坚持与毅力。而当成功之后,后面的维持就相对简单了,在本例中,当达到目标体重之后,只需要将净摄入控制在 2150kCal(例如摄入 2500kCal,然后再通过运动消耗 350kCal)就可以维持了。

图 7.4.2　含有限制的比例积分控制系统的输出与控制量随时间的变化

　　需要注意的是,体重的控制是一门非常综合的科学,体重除了与脂肪相关之外,还要考虑肌肉比例、身体的健康状态、睡眠质量、心情因素等。并且每日的饮食除了热量之外,也要考虑脂肪、碳水化合物、蛋白质等其他的营养元素。体重的变化也不是一个简单的线性方程,它因人而异,和遗传基因也息息相关。本章的例子只是简单地考虑了热量与脂肪燃烧的变化,不过这个模型虽然不够精确,但仍然为我们平时的饮食运动提供了粗略的指导意见,各位读者可以根据自己的情况建立动态模型并进行分析,作为日常体重管理的辅助工具。

7.5　本章要点总结

- 比例控制:
  - 系统的输入与误差成正比,即 $u(t)=K_\mathrm{p}e(t)$。
  - 比例控制简单易行,系统响应速度快,但是无法消除稳态误差。
- 终值定理:
  - 如果 $\lim\limits_{t\to\infty}x(t)$ 存在,那么 $\lim\limits_{t\to\infty}x(t)=\lim\limits_{s\to0}sX(s)$。
- 积分控制:
  - 系统的输入与误差的积分成正比,即 $u(t)=K_\mathrm{I}\int_0^t e(t)\mathrm{d}t$。
  - 积分控制可以改善稳态误差,但是会引入振动且响应迟缓。
- 比例积分控制:
  - 将比例控制与积分控制相结合,$u(t)=K_\mathrm{p}e(t)+K_\mathrm{I}\int_0^t e(t)\mathrm{d}t$。
  - 既可以改善稳态误差,又可以改善积分控制的响应速度。
- 含有限制条件的控制器设计:
  - 某些控制系统存在物理限制,可以使用一个饱和函数来限制系统的输入幅度。

基于传递函数的控制器设计(2)——根轨迹法

本章将继续讨论基于传递函数的控制器设计,将引入一个新的图解的方法——**根轨迹法**(**Root Locus**)。根轨迹法中的"根"指的是闭环控制系统特征方程的根,即闭环传递函数的极点。"轨迹"则是指极点在复平面中位置的变化规律。在本章开始之前我想说明的是,现在手绘根轨迹的技巧和方法已经不那么重要了,因为使用计算机软件只需要一两行代码就可以得到系统的根轨迹。所以,目前学习这部分内容不应该死记硬背一些手绘根轨迹的技巧,而是将重点放在理解根变化规律背后的逻辑,以此为基础来指导控制器的设计。**本章的学习目标为:**

- 熟悉根轨迹的研究方法和研究目标。
- 了解手绘根轨迹的基本规则。
- 掌握根轨迹的几何性质。
- 掌握使用根轨迹法设计控制器/补偿器的流程。
- 理解比例微分控制,超前补偿器与滞后补偿器的工作原理和性质。

8.1 根轨迹的研究目标与方法

图 8.1.1(a)所示的是一个标准的单位反馈闭环控制系统框图。其中含有一个增益 K,系统的开环传递函数是 $G(s)$,其对应的简化后的闭环控制系统框图如图 8.1.1(b)所示(这是一个比例控制系统),闭环传递函数是 $G_{cl}(s) = \dfrac{KG(s)}{1+KG(s)}$。**根轨迹**(**Root Locus**)研究的是当比例增益 K 从 0 到 $+\infty$ 变化的时候,闭环控制系统传递函数特征方程的根(闭环传递函数 $G_{cl}(s) = \dfrac{KG(s)}{1+KG(s)}$ 的极点,即 $1+KG(s)=0$ 时的 s 值)在复平面中位置的变化规律。

(a) 单位反馈闭环控制系统框图   (b) 简化后的闭环控制系统框图

图 8.1.1 根轨迹研究对象:单位反馈闭环控制系统

根轨迹研究的目标是闭环传递函数 $G_{cl}(s)$ 极点的变化规律,而它的研究方法则是通过分析系统的开环传递函数 $G(s)$ 实现的。因此在使用根轨迹分析系统的时候,首先需要找到闭环传递函数分母部分为 $1+KG(s)$ 中的 $G(s)$ 后再进行处理。

请看下面的两个例子。

例8.1.1 已知系统的闭环传递函数 $G_{cl}(s)=\dfrac{Ks}{s^3+3s^2+Ks+1}$,将其转化为单位反馈形式并求其开环传递函数 $G(s)$。

解:单位反馈系统闭环传递函数的标准形式为

$$G_{cl}(s)=\frac{KG(s)}{1+KG(s)} \tag{8.1.1a}$$

将 $G_{cl}(s)=\dfrac{Ks}{s^3+3s^2+Ks+1}$ 代入式(8.1.1a),可得

$$\frac{Ks}{s^3+3s^2+Ks+1}=\frac{KG(s)}{1+KG(s)}$$

$$\Rightarrow Ks(1+KG(s))=(s^3+3s^2+Ks+1)KG(s)$$

$$\Rightarrow Ks=(s^3+3s^2+1)KG(s)$$

$$\Rightarrow G(s)=\frac{s}{s^3+3s^2+1} \tag{8.1.1b}$$

若要研究 $G_{cl}(s)=\dfrac{Ks}{s^3+3s^2+Ks+1}$ 的极点随 K 的变化,就要从 $G(s)=\dfrac{s}{s^3+3s^2+1}$ 入手分析。系统的简化框图与单位反馈闭环控制系统框图如图8.1.2所示。

(a) 闭环控制系统简化框图　　(b) 单位反馈闭环控制系统框图

图8.1.2　例8.1.1图示

例8.1.2 如图8.1.3所示的非单位反馈闭环控制系统应如何分析其根轨迹?

解:根据传递函数的代数性质,可得

$$X(s)=(R(s)-H(s)X(s))KG(s)$$

$$\Rightarrow(1+H(s)KG(s))X(s)=R(s)KG(s)$$

$$\Rightarrow X(s)=\frac{R(s)KG(s)}{1+H(s)KG(s)} \tag{8.1.2}$$

其闭环传递函数分母部分为 $1+H(s)KG(s)$,因此需要通过 $G(s)H(s)$ 进行根轨迹分析。

图8.1.3　非单位反馈闭环控制系统框图

8.2　根轨迹绘制的基本规则

8.1 节介绍了根轨迹的研究目标与研究方法,即通过分析开环传递函数 $G(s)$ 来分析闭环传递函数 $G_{cl}(s)$ 特征方程的根(极点)随增益 K 的变化规律。开环传递函数 $G(s)$ 可以写成

$$G(s) = \frac{N(s)}{D(s)} = \frac{(s - s_{z1})(s - s_{z2})\cdots(s - s_{zm})}{(s - s_{p1})(s - s_{p2})\cdots(s - s_{pn})} \quad (8.2.1)$$

其中,$D(s)$ 和 $N(s)$ 表示开环传递函数 $G(s)$ 的分母和分子多项式。$s_{z1}, s_{z2}, \cdots, s_{zm}$ 表示 $G(s)$ 共含有 m 个零点,在复平面中用"o"来表示。$s_{p1}, s_{p2}, \cdots, s_{pn}$ 表示 $G(s)$ 共含有 n 个极点,极点在复平面中用"X"来表示。

下面介绍根轨迹的 6 个基本规则,为帮助读者理解,每一个规则都配有一个例子。

规则 1:如果 $n > m$,根轨迹在复平面上共有 n 条分支。如果 $m > n$,根轨迹在复平面上共有 m 条分支。

例 8.2.1　系统开环传递函数 $G(s) = \dfrac{s+2}{s^3+3s^2+1}$,判断其根轨迹分支数。

解:$G(s)$ 的分母是三阶的,有 $n = 3$ 个极点。分子是一阶的,有 $m = 1$ 个零点。因此 $n > m$,根据规则 1,根轨迹共有 $n = 3$ 条分支。

规则 2:当 $n = m$ 时,随着 K 从 0 增加到 $+\infty$,根轨迹从开环传递函数 $G(s)$ 的极点向零点移动。

求闭环传递函数 $G_{cl}(s)$ 特征方程的根,令 $1 + KG(s) = 0$,代入 $G(s) = \dfrac{N(s)}{D(s)}$,得到

$$1 + K\frac{N(s)}{D(s)} = 0$$
$$\Rightarrow D(s) + KN(s) = 0 \quad (8.2.2)$$

观察式(8.2.2),当 $K = 0$ 时,$D(s) = 0$,此时的 s 值是 $G(s)$ 的极点。而当 $K \to +\infty$ 时,$N(s) \to 0$,此时的 s 值是 $G(s)$ 的零点。所以当 K 从 0 增加到 $+\infty$ 时,闭环传递函数的根轨迹将从 $G(s)$ 的极点向 $G(s)$ 的零点移动。

例 8.2.2　系统开环传递函数 $G(s) = \dfrac{s+1}{s+2}$,绘制闭环传递函数 $G_{cl}(s)$ 的根轨迹。

解:$G(s)$ 的分母和分子多项式都是一阶的,有 $n = 1$ 个极点 $s_{p1} = -2$ 和 $m = 1$ 个零点 $s_{z1} = -1$。根据规则 1,根轨迹只有 $n = 1$ 条分支。根据规则 2,根轨迹如图 8.2.1 所示,随着 K 的增加,从极点 $s_{p1} = -2$ 向零点 $s_{z1} = -1$ 移动。

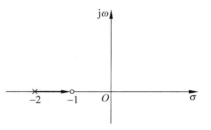

图 8.2.1　例 8.2.2 的根轨迹

规则 3:实轴上的根轨迹位于从右向左数第奇数个极点/零点的左边。

例 8.2.3　系统开环传递函数 $G(s) = \dfrac{(s+2)(s+4)}{(s+1)(s+3)}$,绘制闭环传递函数 $G_{cl}(s)$ 的根轨迹。

解：$G(s)$有$n=2$个极点,分别是$s_{p1}=-1$和$s_{p2}=-3$。有$m=2$个零点,分别是$s_{z1}=$ -2和$s_{z2}=-4$。根据规则1,根轨迹有$n=2$条分支。根据规则2,根轨迹应该从$G(s)$的极点移动到$G(s)$的零点。此时的问题是根轨迹应该如何移动,是从s_{p1}到s_{z1}还是从s_{p1}到s_{z2}? 这就需要使用规则3。

首先将开环传递函数$G(s)$的极点和零点都标在复平面上,并且从右向左将它们编号,如图8.2.2(a)所示。右数第一个极点$s_{p1}=-1$是奇数点,根据规则3,根轨迹存在于它左边的实轴上,根据规则2,其指向零点$s_{z1}=-2$。

零点$s_{z1}=-2$是在实轴上的从右边数的第二个点,是偶数点,根据规则3,它左边的实轴上没有根轨迹。同理,从右数第三个点$s_{p2}=-3$的左边实轴上也存在一条根轨迹。综上所述,其根轨迹如图8.2.2(b)所示。

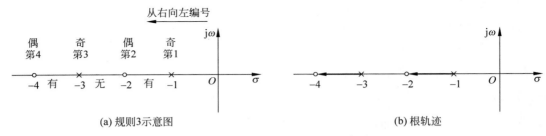

图 8.2.2 例 8.2.3 的说明与根轨迹

规则 4：若复数根存在,则一定是共轭的,所以根轨迹相对于实轴对称。

例 8.2.4 系统开环传递函数$G(s)=\dfrac{s^2+4}{s^2+2s+2}$,绘制闭环传递函数$G_{cl}(s)$的根轨迹。

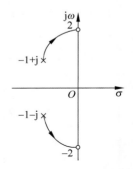

解：$G(s)$有$n=2$个极点$s_{p1}=-1+j$和$s_{p2}=-1-j$。有$m=2$个零点$s_{z1}=2j$和$s_{z2}=-2j$。根据规则1、规则2和规则4,根轨迹有$n=2$条对称于实轴的分支,其运行轨迹从极点指向零点,如图8.2.3所示。

规则 5：如果$n>m$,则有$(n-m)$条分支从极点指向无穷。如果$n<m$,则有$(m-n)$条分支从无穷指向零点。

图 8.2.3 例 8.2.4 的根轨迹

例 8.2.5a 系统开环传递函数$G(s)=\dfrac{s+2}{(s+1)(s+3)}$,绘制闭环传递函数$G_{cl}(s)$的根轨迹。

解：$G(s)$有$n=2$个极点$s_{p1}=-1$和$s_{p2}=-3$。有$m=1$个零点$s_{z1}=-2$。根据规则1,根轨迹有$n=2$条分支。根据规则2和规则3,其中的一条分支从极点$s_{p1}=-1$指向零点$s_{z1}=-2$。因为$G(s)$的极点数多于零点数,即$n>m$,根据规则5,将会有$n-m=1$条根轨迹的分支从$s_{p2}=-3$指向无穷。$s_{p2}=-3$是从右边数在实轴上的第三个极点/零点(奇数点),根据规则3,根轨迹一定在其左边的实轴上,因此这一条分支将从极点$s_{p2}=-3$指向负无穷。其根轨迹如图8.2.4(a)所示。

例 8.2.5b 系统开环传递函数$G(s)=s+2$,绘制闭环传递函数$G_{cl}(s)$的根轨迹。

解：$G(s)$没有极点,$n=0$。只有$m=1$个零点$s_{z1}=-2$。根据规则5,有一条根轨迹从

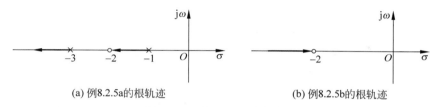

(a) 例8.2.5a的根轨迹   (b) 例8.2.5b的根轨迹

图 8.2.4 例 8.2.5 的根轨迹

无穷指向零点。根据规则 3,根轨迹在零点 $s_{z1}=-2$ 的左边实轴上。综上所述,其根轨迹如图 8.2.4(b)所示。

规则 6:根轨迹沿着渐近线移动,渐近线与实轴的交点为

$$\sigma_a = \frac{\sum s_{pn} - \sum s_{zm}}{n-m} \tag{8.2.3a}$$

渐近线与实轴的夹角为

$$\theta = \frac{2q+1}{n-m}\pi, \quad q = \begin{cases} 0,1,\cdots,n-m-1 & n>m \\ 0,1,\cdots,m-n-1 & n<m \end{cases} \tag{8.2.3b}$$

例 8.2.6 系统开环传递函数 $G(s)=\dfrac{1}{(s+1)(s+2)}$,绘制闭环传递函数 $G_{cl}(s)$ 的根轨迹。

解:$G(s)$ 有 $n=2$ 个极点 $s_{p1}=-1$ 和 $s_{p2}=-2$,$m=0$ 个零点。根据规则 5,将有 $n-m=2$ 条根轨迹分支从 $G(s)$ 的两个极点分别指向无穷。根据规则 3,根轨迹在实轴上存在于这两个极点之间。这意味着两条根轨迹分支将分别从两个极点出发,沿着实轴相向而行,汇聚后沿着一定的渐近线向无穷移动,通过规则 6,可以得到渐近线的信息,渐近线与实轴的交点为

$$\sigma_a = \frac{\sum s_{pn} - \sum s_{zm}}{n-m} = \frac{-1-2-0}{2-0} = -1.5 \tag{8.2.4a}$$

渐近线与实轴的夹角为

$$\theta = \frac{2q+1}{2-0}\pi, \quad q=0,1$$

$$\Rightarrow \begin{cases} \theta_1 = \dfrac{1}{2}\pi \\ \theta_2 = \dfrac{3}{2}\pi = -\dfrac{1}{2}\pi \end{cases} \tag{8.2.4b}$$

根据式(8.2.4a)和式(8.2.4b),得到渐近线的位置与方向,如图 8.2.5 所示。其根轨迹将沿着渐近线指向无穷。

最后,使用上述 6 个规则分析一个综合的例子。

例 8.2.7 系统开环传递函数 $G(s)=\dfrac{s+1}{s(s+2)(s+3)(s+4)}$,绘制闭环传递函数 $G_{cl}(s)$ 的根轨迹。

解:$G(s)$ 有 $n=4$ 个极点 $s_{p1}=0$,$s_{p2}=-2$,$s_{p3}=-3$ 和 $s_{p4}=-4$。有 $m=1$ 个零点

$s_{z1}=-1$。根据规则 1,根轨迹一共有 $n=4$ 条分支。

首先将所有极点/零点标注在复平面上并从右向左编号,如图 8.2.6 所示。根据规则 2 和规则 3,$s_{p1}=0$ 与 $s_{z1}=-1$ 之间有一条根轨迹,并且由极点 $s_{p1}=0$ 指向 $s_{z1}=-1$。$s_{p2}=-2$ 与 $s_{p3}=-3$ 之间的实轴上也存在根轨迹。另外,在 $s_{p4}=-4$ 的左边实轴上也存在一条根轨迹。

图 8.2.5　例 8.2.6 的根轨迹　　　图 8.2.6　例 8.2.7 的极点/零点分布与根轨迹分布

根据规则 5,将有 $n-m=3$ 条根轨迹指向无穷。利用规则 6 计算其渐近线,可得渐近线与实轴的交点为

$$\sigma_a=\frac{\sum s_{pn}-\sum s_{zm}}{n-m}=\frac{0-2-3-4-(-1)}{4-1}=-\frac{8}{3} \tag{8.2.5a}$$

渐近线与实轴的夹角为

$$\theta=\frac{2q+1}{4-1}\pi, \quad q=0,1,2$$

$$\Rightarrow \begin{cases} \theta_1=\frac{1}{3}\pi \\ \theta_2=\pi \\ \theta_3=\frac{5}{3}\pi=-\frac{1}{3}\pi \end{cases} \tag{8.2.5b}$$

其中,与实轴夹角为 $\theta_2=\pi$ 的渐近线是从 $s_{p4}=-4$ 沿着实轴指向负无穷的根轨迹分支。而另外两条渐近线与实轴的交点在 $\sigma_a=-\frac{8}{3}$,夹角 $\theta_{1,3}=\pm\frac{1}{3}\pi$。这意味着将有两条根轨迹分支从 $s_{p2}=-2$ 和 $s_{p3}=-3$ 出发,沿着实轴相向而行,汇聚后再沿着渐近线移动,指向无穷。其根轨迹及渐近线如图 8.2.7 所示。

图 8.2.7　例 8.2.7 的根轨迹

根据规则 4，从 $s_{p2,3}$ 出发的两条根轨迹分支汇聚后将同时离开实轴。离开实轴的这个点称为**分离点（Breakaway Point）**。通过下面的例子介绍分离点的计算方法。

例 8.2.8 使用根轨迹的方法验证二阶系统（如图 8.2.8 所示）中的阻尼比 ζ 对系统的作用（其中，$\omega_n > 0$）。

解：将图 8.2.8 中的动态系统传递函数考虑为一个控制系统的闭环传递函数，并令 $K = \zeta$，得到

$$G_{cl}(s) = \frac{2K\omega_n s}{s^2 + 2K\omega_n s + \omega_n^2} \tag{8.2.6}$$

为分析其根轨迹，需要找到 $G_{cl}(s)$ 所对应的开环系统传递函数，根据例 8.1.1，将闭环传递函数标准形式 $G_{cl}(s) = \dfrac{KG(s)}{1 + KG(s)}$ 代入式 (8.2.6)，得到

$$\frac{KG(s)}{1 + KG(s)} = \frac{2K\omega_n s}{s^2 + 2K\omega_n s + \omega_n^2}$$

$$\Rightarrow 2K\omega_n s(1 + KG(s)) = (s^2 + 2K\omega_n s + \omega_n^2)KG(s)$$

$$\Rightarrow 2K\omega_n s = (s^2 + \omega_n^2)KG(s)$$

$$\Rightarrow G(s) = \frac{2\omega_n s}{s^2 + \omega_n^2} \tag{8.2.7}$$

其对应的单位反馈闭环控制系统框图如图 8.2.9 所示。

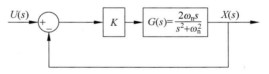

图 8.2.8 二阶系统框图　　　　**图 8.2.9 二阶系统转化单位反馈闭环控制系统框图**

分析其根轨迹，$G(s)$ 有 $n = 2$ 个极点 $s_{p1} = j\omega_n$ 和 $s_{p2} = -j\omega_n$，有 $m = 1$ 个零点 $s_{z1} = 0$。根据规则 1，根轨迹共有 $n = 2$ 条分支。根据规则 2 和规则 5，将有 $n - m = 1$ 条根轨迹分支从极点指向零点，另一条从极点指向无穷。根据规则 3，零点 $s_{p2} = -j\omega_n$ 的左边实轴上存在根轨迹。根据规则 4，根轨迹关于实轴对称。综上所述，它的根轨迹如图 8.2.10 所示，两条分支分别从两个极点开始，呈对称形状向实轴移动，汇聚在实轴上某一点之后一条指向零点，另一条指向负无穷。下面来分析计算**汇合点（Break-in Point）**的位置。

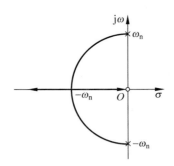

图 8.2.10 开环传递函数为 $G(s) = \dfrac{2\omega_n s}{s^2 + \omega_n^2}$ 的根轨迹

根据式 (8.2.6)，当闭环传递函数分母为 0 时，可得

$$s^2 + 2K\omega_n s + \omega_n^2 = 0$$

$$\Rightarrow K = -\frac{s^2 + \omega_n^2}{2\omega_n s} \tag{8.2.8}$$

在式(8.2.8)中,可以认为 K 是以 s 为自变量的函数,其中,$s = \sigma + j\omega$ 是一个复数。当 s 位于实轴时($j\omega = 0$),K 就是以 σ 为自变量的一个函数。式(8.2.8)可以写成

$$K(\sigma) = -\frac{\sigma^2 + \omega_n^2}{2\omega_n \sigma} \tag{8.2.9}$$

求 $K(\sigma)$ 的极值,令

$$\frac{\mathrm{d}K(\sigma)}{\mathrm{d}\sigma} = 0 \tag{8.2.10}$$

满足式(8.2.10)的 σ 就是汇合点,这是因为此时 σ 代表了 s 在实轴上的极限位置。将式(8.2.9)代入式(8.2.10),可得

$$\frac{\mathrm{d}\left(-\dfrac{\sigma^2 + \omega_n^2}{2\omega_n \sigma}\right)}{\mathrm{d}\sigma} = 0$$

$$\Rightarrow \frac{2\sigma(2\omega_n \sigma) - (\sigma^2 + \omega_n^2)2\omega_n}{(-2\omega_n \sigma)^2} = 0$$

$$\Rightarrow \sigma = \pm\omega_n \tag{8.2.11a}$$

根据图8.2.10,汇合点在虚轴的左边,所以取 $\sigma = -\omega_n$。将其代入式(8.2.9),可得

$$K(\sigma = -\omega_n) = -\frac{(-\omega_n)^2 + \omega_n^2}{2\omega_n(-\omega_n)} = 1 \tag{8.2.11b}$$

式(8.2.11b)说明实轴上的汇合点位置在 $\sigma = -\omega_n$ 上,此时 $K = 1$。根据前面的定义,K 就是二阶系统的阻尼比,即 $K = \zeta$。如图8.2.10所示,当 $K = \zeta = 0$ 时,闭环传递函数有两个纯虚数根,对应无阻尼二阶系统。当 $1 > K = \zeta > 0$ 时,闭环传递函数有两个共轭的复数根,对应于欠阻尼系统。当 $K = 1$ 时,对应于临界阻尼系统。当 $K = \zeta > 1$ 时,闭环传递函数有两个实根,对应于过阻尼系统。

通过上述例子,我们将二阶系统的时域响应(第5章)、系统稳定性分析(第6章)及本章的根轨迹分析结合起来,请读者将上述分析与图6.2.2及图5.3.4进行比较思考。

分离点的计算方法和分析与汇合点一样,故不再赘述。值得注意的是,在分析分离/汇合点时,关注的重点应该放在 K 的取值上,即 K 等于多少的时候闭环传递函数的极点会进入(离开)实轴。当闭环传递函数的极点存在共轭复数根的时候,系统将会产生振动。在掌握了分离/汇合点的信息后,就可以调节增益避免或利用系统的振动。

根轨迹内容请扫描此二维码观看。

8.3 根轨迹的几何性质

本节将讨论根轨迹的几何性质,首先来复习复数的三种表达形式。

(1) 代数形式:$z = \sigma + j\omega$,其中,$j = \sqrt{-1}$,是虚数单位;σ 是复数的实部;ω 是复数的虚部。

（2）向量形式（如图 8.3.1 所示）：通过复数的复角、φ（相位）和模 M（绝对值）来表达。根据三角形的几何关系，其中 $\varphi = \angle z = \arctan \dfrac{\omega}{\sigma}$，$M = |z| = \sqrt{\sigma^2 + \omega^2}$，$\varphi$ 以逆时针方向为正。

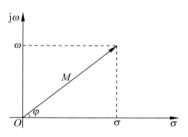

图 8.3.1　复数的三种表达形式

（3）指数形式：由图 8.3.1 的几何关系可得 $\sigma = M\cos\varphi$，$\omega = M\sin\varphi$。所以 $z = \sigma + j\omega = M\cos\varphi + jM\sin\varphi = M(\cos\varphi + j\sin\varphi)$。根据**欧拉公式**（**Euler's Formula**）：$\cos\varphi + j\sin\varphi = e^{j\varphi}$，可得 $z = Me^{j\varphi}$。

根据上述定义，两个复数 $z_1 = \sigma_1 + j\omega_1 = M_1 e^{j\varphi_1}$ 和 $z_2 = \sigma_2 + j\omega_2 = M_2 e^{j\varphi_2}$ 相乘得到

$$z_1 z_2 = M_1 e^{j\varphi_1} M_2 e^{j\varphi_2} = M_1 M_2 e^{j(\varphi_1 + \varphi_2)} \tag{8.3.1a}$$

它们的比值为

$$\frac{z_1}{z_2} = \frac{M_1 e^{j\varphi_1}}{M_2 e^{j\varphi_2}} = \frac{M_1}{M_2} e^{j(\varphi_1 - \varphi_2)} \tag{8.3.1b}$$

根据式（8.3.1），当 $s = \sigma + j\omega$ 时，传递函数 $G(s) = \dfrac{N(s)}{D(s)} = \dfrac{(s - s_{z1})(s - s_{z2})\cdots(s - s_{zm})}{(s - s_{p1})(s - s_{p2})\cdots(s - s_{pn})}$ 的模为

$$M = |G(s = \sigma + j\omega)| = \left. \left|\frac{\prod \text{零点到 } s \text{ 的距离}}{\prod \text{极点到 } s \text{ 的距离}}\right| \right|_{s = \sigma + j\omega} \tag{8.3.2a}$$

复角为

$$\varphi = \angle G(s = \sigma + j\omega) = \left. \left(\sum \text{零点到 } s \text{ 的夹角} - \sum \text{极点到 } s \text{ 的夹角}\right) \right|_{s = \sigma + j\omega} \tag{8.3.2b}$$

为了进一步理解式（8.3.2），请参考以下例子。

例 8.3.1　求当 $s = -1 + \sqrt{3}j$ 时传递函数 $G(s) = \dfrac{s + 2}{s(s + 1)}$ 的值。

解：方法一：直接将 $s = -1 + \sqrt{3}j$ 代入 $G(s) = \dfrac{s + 2}{s(s + 1)}$，可得

$$G(s = -1 + \sqrt{3}j) = \frac{-1 + \sqrt{3}j + 2}{(-1 + \sqrt{3}j)(-1 + \sqrt{3}j + 1)} = -\frac{1}{2} - \frac{\sqrt{3}}{6}j \tag{8.3.3a}$$

它在复平面上的表达如图 8.3.2（a）所示，其模为

$$M = |G(s)| = \sqrt{\left(-\frac{1}{2}\right)^2 + \left(-\frac{\sqrt{3}}{6}\right)^2} = \frac{\sqrt{3}}{3} \tag{8.3.3b}$$

复角为

$$\varphi = \arctan \frac{\left(\frac{\sqrt{3}}{6}\right)}{\left(\frac{1}{2}\right)} - \pi = -\frac{5}{6}\pi \tag{8.3.3c}$$

将其写成指数形式为

$$G(s=-1+\sqrt{3}\,\text{j})=M\text{e}^{\text{j}\varphi}=\frac{\sqrt{3}}{3}\text{e}^{-\frac{5}{6}\pi\text{j}} \tag{8.3.3d}$$

(a) $G(s)=-\dfrac{1}{2}-\dfrac{\sqrt{3}}{6}\text{j}$ 的复平面表达   (b) 几何方法求解

图 8.3.2 例 8.3.1 图示

方法二：使用几何方法和式(8.3.2)，首先将 $G(s)=\dfrac{s+2}{s(s+1)}$ 的极点 $s_{\text{p}1}=0$，$s_{\text{p}2}=-1$ 和零点 $s_{\text{z}1}=-2$ 及 $s=-1+\sqrt{3}\,\text{j}$ 标记在图 8.3.2(b)中，之后将极点/零点与 $s=-1+\sqrt{3}\,\text{j}$ 连接起来。根据几何关系，可得 $l_1=2$，$l_2=\sqrt{3}$，$l_3=2$，$\varphi_1=\dfrac{\pi}{3}$，$\varphi_2=\dfrac{\pi}{2}$，$\varphi_3=\dfrac{2\pi}{3}$。代入式(8.3.2)，可得

$$M=\mid G(s=-1+\sqrt{3}\,\text{j})\mid=\left|\frac{\prod \text{零点到 } s \text{ 的距离}}{\prod \text{极点到 } s \text{ 的距离}}\right|_{s=-1+\sqrt{3}\,\text{j}}=\frac{l_1}{l_2 l_3}=\frac{2}{\sqrt{3}\times 2}=\frac{\sqrt{3}}{3} \tag{8.3.4a}$$

$$\varphi=\angle G(s=-1+\sqrt{3}\,\text{j})=\left(\sum \text{零点到 } s \text{ 的夹角}-\sum \text{极点到 } s \text{ 的夹角}\right)\Big|_{s=\sigma+\text{j}\omega}$$
$$=\varphi_1-\varphi_2-\varphi_3=\frac{\pi}{3}-\frac{\pi}{2}-\frac{2\pi}{3}=-\frac{5}{6}\pi \tag{8.3.4b}$$

将其写成指数形式，与式(8.3.3d)所得结果一致。

以上性质可以用来判断给定值 $s=\sigma+\text{j}\omega$ 是否为 $G_{\text{cl}}(s)$ 的根(极点)，这对增益调节及控制器的设计非常重要。令闭环传递函数 $G_{\text{cl}}(s)=\dfrac{KG(s)}{1+KG(s)}$ 的分母等于 0，可以得到它的特征方程的根(极点)，即

$$1+KG(s)=0$$
$$\Rightarrow KG(s)=-1 \tag{8.3.5}$$

$KG(s)$ 在复平面上的表达如图 8.3.3 所示。根据图示的几何关系，可得

$$\mid KG(s)\mid=1 \tag{8.3.6a}$$

$$\angle KG(s)=-(2q+1)\pi,\quad q=\pm0,\pm1,\pm2,\cdots \tag{8.3.6b}$$

图 8.3.3 $KG(s)=-1$ 复平面表达

因为增益 K 是一个常数，因此不会改变复数 $KG(s)$ 的复角，因此式(8.3.6b)可以写成

$$\angle G(s)=-(2q+1)\pi, \quad q=\pm 0, \pm 1, \pm 2, \cdots \qquad (8.3.7)$$

式(8.3.7)将被用来判断给定值 $s=\sigma+j\omega$ 是否在 $G_{cl}(s)$ 的轨迹上,请看下面的例子。

例 8.3.2 系统开环传递函数 $G(s)=\dfrac{1}{(s+1)(s+3)}$,利用根轨迹的几何性质判断 $s_1=-2-j$ 和 $s_2=-3+2\sqrt{3}j$ 是否在闭环传递函数 $G_{cl}(s)$ 的根轨迹上。

解:首先将 $G(s)$ 的极点 $s_{p1}=-1$,$s_{p2}=-3$ 以及给定点 $s_1=-2-j$ 和 $s_2=-3+2\sqrt{3}j$ 标记在图 8.3.4 中,之后将极点与给定点连接起来。

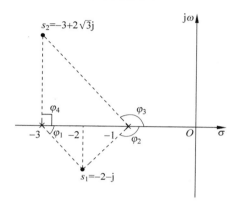

图 8.3.4 例 8.3.2 图示

如图 8.3.4 所示,根据几何性质可得 $\varphi_1=-\dfrac{\pi}{4}$,$\varphi_2=-\dfrac{3\pi}{4}$,$\varphi_3=\dfrac{2\pi}{3}$,$\varphi_4=\dfrac{\pi}{2}$。

判断 $s_1=-2-j$ 点,代入式(8.3.4b),得到

$$\angle G(s_1=-2-j)=\left(\sum 零点到 s_1 的夹角-\sum 极点到 s_1 的夹角\right)\Big|_{s_1=-2-j}$$

$$=0-(\varphi_1+\varphi_2)=\frac{\pi}{4}+\frac{3\pi}{4}=\pi \qquad (8.3.8)$$

满足式(8.3.7),因此 $s_1=-2-j$ 在 $G_{cl}(s)$ 的根轨迹上。

判断 $s_2=-3+2\sqrt{3}j$ 点,代入式(8.3.4b),得到

$$\angle G(s_2=-3+2\sqrt{3}j)=\left(\sum 零点到 s_2 的夹角-\sum 极点到 s_2 的夹角\right)\Big|_{s_2=-3+2\sqrt{3}j}$$

$$=0-(\varphi_3+\varphi_4)=-\left(\frac{2\pi}{3}+\frac{\pi}{2}\right)=-\frac{7}{6}\pi \qquad (8.3.9)$$

不满足式(8.3.7),因此 $s_2=-3+2\sqrt{3}j$ 不在 $G_{cl}(s)$ 的根轨迹上。这意味着无论增益 K 如何调节,$G_{cl}(s)$ 的极点都无法位于 s_2 上。但我们可以设计控制器改变 $G_{cl}(s)$ 的根轨迹,使它包含给定的 s_2,请看 8.4 节分析。

8.4 基于根轨迹的控制器设计

本节将利用根轨迹的几何性质设计控制器[在根轨迹理论中称为**补偿器(Compensator)**],通过增加开环传递函数 $G(s)$ 的零点/极点来改变闭环传递函数 $G_{cl}(s)$ 的根轨迹,从而改变

系统的动态响应。

8.4.1 比例微分控制

将例 8.3.2 中所描述的系统表达为单位反馈控制系统的标准形式,如图 8.4.1 所示,它同时也是一个比例控制系统。

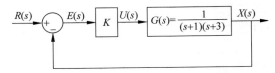

图 8.4.1 比例控制的系统框图

绘制闭环传递函数 $G_{cl}(s)$ 的根轨迹,$G(s) = \dfrac{1}{(s+1)(s+3)}$ 有 $n=2$ 个极点,分别是 $s_{p1} = -1$ 和 $s_{p2} = -3$,有 $m=0$ 个零点。根据规则 5,根轨迹有 $n-m=2$ 条分支指向无穷。根据规则 6,其渐近线与实轴的交点为

$$\sigma_a = \frac{\sum s_{pn} - \sum s_{zm}}{n-m} = \frac{-1-3}{2-0} = -2 \tag{8.4.1a}$$

夹角为

$$\theta = \frac{2q+1}{n-m}\pi = \frac{2q+1}{2-0}\pi, \quad q = 0,1$$

$$\Rightarrow \begin{cases} \theta_1 = \dfrac{1}{2}\pi \\ \theta_2 = \dfrac{3}{2}\pi = -\dfrac{1}{2}\pi \end{cases} \tag{8.4.1b}$$

其根轨迹如图 8.4.2(a)所示,如例 8.3.2 所分析的,$s = -2-j$ 在其根轨迹上。

(a) $G(s) = \dfrac{1}{(s+1)(s+3)}$ 的根轨迹   (b) 闭环传递函数极点

图 8.4.2 系统的根轨迹及闭环传递函数极点分布

进一步分析系统的时间响应,当增益 K 比较小的时候,闭环传递函数有两个小于零的实数极点。例如当 $K=0.5$ 时,闭环传递函数所对应的两个实数根为 $s_{cl\_p1} = -1.29$ 和 $s_{cl\_p2} = -2.71$[如图 8.4.2(b)所示,可以通过 $1+KG(s) = 0$ 求解]。当单位阶跃 $\left(r(t) = 1,\text{拉普拉斯变换为 } R(s) = \dfrac{1}{s}\right)$ 作用在系统上时,其输出 $x(t)$ 为

$$x(t) = C_0 + C_1 e^{s_{cl\_p1}t} + C_2 e^{s_{cl\_p1}t} = C_0 + C_1 e^{-1.29t} + C_2 e^{-2.71t} \tag{8.4.2}$$

其中,C_1 和 C_2 是两个常数,读者可以自行计算(参考第 5 章),然而这里我们并不需要 C_1 和 C_2 的精确数据就可以分析系统。式(8.4.2)由三部分相加而成,其中,C_0 是一个常数,来自参考输入 $R(s) = \dfrac{1}{s}$,而另外两项都会随着时间的增加趋于 0。同时,因为 $|s_{cl\_p1}| < |s_{cl\_p2}|$,所以 $C_1 e^{-1.29t}$ 的收敛速度要慢于 $C_2 e^{-2.71t}$。因此,它们相加后的结果 $x(t)$ 的收敛速度是由 $C_1 e^{-1.29t}$ 决定的,所以 $s_{cl\_p1} = -1.29$ 称为**主导极点(Dominant Pole)**,主导极点更靠近虚轴。

随着 K 的增加,$G_{cl}(s)$ 的根轨迹将离开实轴向无穷移动。当 $K = 2$ 时,$G_{cl}(s)$ 的两个极点分别为 $s_{cl\_p3,4} = -2 \pm j$,如图 8.4.2(b)所示。此时若对其施加一个单位阶跃 $\left(r(t) = 1, \text{即} R(s) = \dfrac{1}{s}\right)$,系统的输出为

$$x(t) = C_0 + C_3 e^{-2t} \sin(\omega t + \varphi) \tag{8.4.3}$$

C_3 和 φ 的计算留给读者自己完成(参考第 5 章)。

式(8.4.2)和式(8.4.3)说明输出 $x(t)$ 的收敛速度与闭环传递函数极点的实部相关(这一结论在第 4 章、第 5 章和第 6 章中反复出现过)。根据图 8.4.2,无论如何增大 K 值,$G_{cl}(s)$ 极点的实部最小值 $\sigma_{\min} = -2$,这意味着系统最快沿着 e^{-2t} 这条渐近线收敛。因此,若要改变系统的响应速度,就需要改变其根轨迹。这可以通过串联控制器/补偿器来实现。若可以将闭环传递函数的极点置于 $s = \sigma \pm j\omega = -3 \pm 2\sqrt{3}j$ 上,那么系统的响应就会沿着渐近线 e^{-3t} 收敛。根据规则 4,根轨迹相对于实轴对称,因此只需要分析 $s = \sigma + j\omega = -3 + 2\sqrt{3}j$ 这一个点。在例 8.3.2 中,我们利用根轨迹的几何性质证明了 $s = -3 + 2\sqrt{3}j$ 不在 $G_{cl}(s)$ 的根轨迹上,因为

$$\angle G(s = -3 + 2\sqrt{3}j) = \left(\sum \text{零点到} s_1 \text{的夹角} - \sum \text{极点到} s_1 \text{的夹角}\right)\bigg|_{s = -3 + 2\sqrt{3}j}$$

$$= -\left(\frac{2\pi}{3} + \frac{\pi}{2}\right) = -\frac{7}{6}\pi \tag{8.4.4}$$

不满足式(8.3.7)。若要满足式(8.3.7),需要在式(8.4.4)中补充 $+\dfrac{1}{6}\pi$,最简单的做法是为开环传递函数 $G(s)$ 增加一个零点,令其到 $s = -3 + 2\sqrt{3}j$ 的夹角为 $\dfrac{1}{6}\pi$。根据几何关系可以求得此零点位置为 $s_{z1} = -9$,如图 8.4.3 所示。此时,$\angle G(s = -3 + 2\sqrt{3}j) = \dfrac{1}{6}\pi - \left(\dfrac{2\pi}{3} + \dfrac{\pi}{2}\right) = -\pi$,满足式(8.3.7)。

此新增加的控制器对应的传递函数为 $C(s) = s + 9$,它被串联在原控制系统中,如图 8.4.4 所示。

此时,控制量 $U(s)$ 为

$$U(s) = E(s)KC(s) = K(sE(s) + 9E(s)) \tag{8.4.5a}$$

所对应的时域表达为

$$u(t) = K\left(\frac{de(t)}{dt} + 9e(t)\right) \tag{8.4.5b}$$

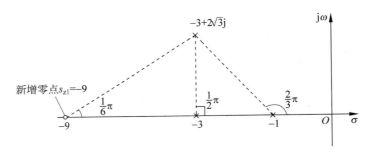

图 8.4.3 增加一个零点 $s_{z1}=-9$ 使得 $s=-3+2\sqrt{3}\mathrm{j}$ 在 $G_{cl}(s)$ 的根轨迹上

图 8.4.4 加入控制器 $C(s)$ 后的系统框图

式(8.4.5b)描述了一个比例微分(**Proportional Derivative, PD**)控制器。

加入控制器后,控制系统的开环传递函数为 $C(s)G(s)$。闭环传递函数 $G_{cl}(s)=\dfrac{KC(s)G(s)}{1+KC(s)G(s)}$ 的根轨迹如图 8.4.5 所示。正如我们所设计的,根轨迹过目标点 $s=-3\pm 2\sqrt{3}\mathrm{j}$。同时,图 8.4.5 说明随着 K 的增加,$G_{cl}(s)$ 的极点会继续向左移动,其收敛速度仍有提高的空间。

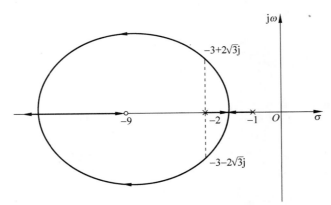

图 8.4.5 加入控制器 $C(s)$ 后的闭环传递函数根轨迹

8.4.2 超前补偿器

使用 PD 控制可以提高系统的响应速度,从物理意义角度考虑,微分项与误差的变化率 $\dfrac{\mathrm{d}e(t)}{\mathrm{d}t}$ 成正比,因此可以"预测"误差的变化趋势并提前做出反应。需要说明的是,PD 控制具有两个明显的缺陷:第一,PD 控制器需要额外的能量来源,无法通过被动元件实现;第二,PD 控制器会放大高频噪声。以上两点的详细说明参考 9.5 节。

引入**超前补偿器**（**Lead Compensator**）可以避免 PD 控制的缺陷，其表达为

$$C(s) = \frac{s - s_{zc}}{s - s_{pc}} \tag{8.4.6}$$

其中，$s_{pc} < s_{zc} < 0$。超前补偿器的设计思路是同时为系统增加一个极点和一个零点，且零点的位置比极点更加靠近虚轴。针对 8.4.1 节的例子，新增的这一对极点/零点如图 8.4.6 所示，只需要保障 $\varphi_z - \varphi_p = \frac{1}{6}\pi$，便可以满足式（8.3.7）中 $\varphi_z - \left(\varphi_p + \frac{2\pi}{3} + \frac{\pi}{2}\right) = -\pi$ 的条件。加入超前补偿器后的系统框图如图 8.4.7(a) 所示。

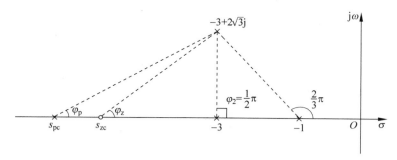

图 8.4.6 超前补偿器的设计思路

根据图 8.4.6，在使用超前补偿器后，闭环传递函数的根轨迹必然存在着一条分支从新增加的极点 s_{pc} 指向零点 s_{zc}，而另外两条根轨迹将从原开环传递函数极点 $s_{p1} = -1$ 和 $s_{p2} = -3$ 出发，在实轴相会并沿着渐近线指向无穷。其渐近线与实轴的交点为

$$\sigma_a = \frac{\sum s_{pn} - \sum s_{zm}}{n - m} = \frac{-1 - 3 + s_{pc} - s_{zc}}{3 - 1} = -2 + \frac{s_{pc} - s_{zc}}{2} < -2 \tag{8.4.7a}$$

夹角为

$$\theta = \frac{2q+1}{n-m}\pi = \frac{2q+1}{3-1}\pi, \quad q = 0, 1$$

$$\Rightarrow \begin{cases} \theta_1 = \frac{1}{2}\pi \\ \theta_2 = \frac{3}{2}\pi = -\frac{1}{2}\pi \end{cases} \tag{8.4.7b}$$

其根轨迹如图 8.4.7(b) 所示。

比较图 8.4.7(b) 和图 8.4.2(a)，可以发现渐近线与实轴的交点在超前补偿器的作用下被"拉向远离虚轴的方向"，因此提高了系统的响应速度。

超前补偿器内容请扫描此二维码观看。

8.4.3 滞后补偿器

一个含有补偿器的反馈闭环控制系统标准形式如图 8.4.8 所示。其误差 $E(s)$ 可以表达为

$$E(s) = R(s) - X(s) = R(s) - E(s)C(s)KG(s)$$

$$\Rightarrow E(s) = \frac{R(s)}{1 + C(s)KG(s)} \tag{8.4.8}$$

(a) 超前补偿器控制系统框图

(b) 加入超前补偿器后的根轨迹

图 8.4.7 超前补偿器框图和根轨迹

图 8.4.8 含有补偿器的反馈闭环控制系统

在参考值 $r(t)=1$ $\left(单位阶跃, 其拉普拉斯变换为 R(s)=\dfrac{1}{s}\right)$ 的作用下, 将 $C(s)=\dfrac{s-s_{zc}}{s-s_{pc}}$ 和 $G(s)=\dfrac{N(s)}{D(s)}$ 代入式(8.4.8), 可得

$$E(s)=\frac{\dfrac{1}{s}}{1+\dfrac{s-s_{zc}}{s-s_{pc}}K\dfrac{N(s)}{D(s)}} \tag{8.4.9}$$

对式(8.4.9)使用终值定理, 得到

$$
\begin{aligned}
e_{ss} &= \lim_{t\to\infty}e(t)=\lim_{s\to0}sE(s)=\lim_{s\to0}s\,\frac{\dfrac{1}{s}}{1+\dfrac{s-s_{zc}}{s-s_{pc}}K\dfrac{N(s)}{D(s)}} \\
&= \lim_{s\to0}\frac{1}{1+\dfrac{s-s_{zc}}{s-s_{pc}}K\dfrac{N(s)}{D(s)}}=\frac{1}{1+\dfrac{-s_{zc}}{-s_{pc}}K\dfrac{N(0)}{D(0)}} \\
&= \frac{D(0)}{D(0)+KN(0)\dfrac{s_{zc}}{s_{pc}}} \tag{8.4.10}
\end{aligned}
$$

式(8.4.10)说明 $\dfrac{s_{zc}}{s_{pc}}$ 越大，e_{ss} 就越小。因此设计补偿器 $C(s)$ 中的 $s_{zc} < s_{pc} < 0$，便可以达到缩小稳态误差 e_{ss} 的目标。此时，补偿器的极点 s_{pc} 在复平面上的位置比零点 s_{zc} 更靠近虚轴，这与 8.4.2 节介绍的超前补偿器相反，称为**滞后补偿器**（**Lag Compensator**）（在 9.5.2 节将说明超前和滞后的命名原因）。

> 　　分析式(8.4.10)，可发现当 $\dfrac{s_{zc}}{s_{pc}} = \infty$ 时，$e_{ss} = 0$。此时，$s_{pc} = 0 \Rightarrow C(s) = \dfrac{s - s_{zc}}{s} = 1 - \dfrac{s_{zc}}{s}$，这便是 7.3 节中所介绍的比例积分控制器。

考虑控制系统的开环传递函数为 $G(s) = \dfrac{1}{(s+1)(s+3)}$，在不使用补偿器的情况下（即 $C(s) = 1$ 时），计算 $K = 2$ 时图 8.4.8 所示系统的稳态误差（请读者自行计算），可得

$$e_{ss} = \frac{1}{1 + KG(0)} = \frac{1}{1 + 2 \times \frac{1}{3}} = 0.6 \tag{8.4.11}$$

若要缩小 e_{ss}，可以为系统串联一个滞后补偿器 $C(s) = \dfrac{s - s_{zc}}{s - s_{pc}}$。当 $K = 2$ 时，将 $G(s) = \dfrac{1}{(s+1)(s+3)}$ 代入式(8.4.10)，可得

$$e_{ss} = \frac{D(0)}{D(0) + KN(0)\dfrac{s_{zc}}{s_{pc}}} = \frac{(0+1)(0+3)}{(0+1)(0+3) + K\dfrac{s_{zc}}{s_{pc}}} = \frac{3}{3 + 2\dfrac{s_{zc}}{s_{pc}}} \tag{8.4.12}$$

当选择 $\dfrac{s_{zc}}{s_{pc}} = 5$ 时，系统的稳态误差将缩小到 $e_{ss} = \dfrac{3}{13} = 0.23$。此时可以有不同的选择，例如：$C_1(s) = \dfrac{s+5}{s+1}$，此时 $\begin{cases} s_{zc} = -5 \\ s_{pc} = -1 \end{cases}$；或者 $C_2(s) = \dfrac{s+0.5}{s+0.1}$，此时 $\begin{cases} s_{zc} = -0.5 \\ s_{pc} = -0.1 \end{cases}$。根据式(8.4.12)，这两种选择都可以将稳态误差缩小到 0.23。它们各自所对应的控制系统框图与根轨迹如图 8.4.9 所示。在实践中，一般会选择 $C_2(s) = \dfrac{s+0.5}{s+0.1}$，虽然这两个补偿器新增加的极点与零点都是相差了 5 倍，但是 $C_2(s)$ 中的极点/原点距离虚轴更近。对比图 8.4.9(b)与图 8.4.2，可以发现它和原系统的根轨迹图非常相似（仅仅增加了一条从 $s_{pc} = -0.1$ 指向 $s_{zc} = -0.5$ 的分支）。而使用了 $C_1(s) = \dfrac{s+5}{s+1}$ 后，根轨迹形状发生了较大的改变。

　　图 8.4.10 显示了在单位阶跃输入作用下，不使用补偿器、使用补偿器 $C_1(s)$ 及使用补偿器 $C_2(s)$ 下的系统输出 $x(t)$ 随时间的变化。当使用滞后补偿器（$C_1(s)$ 或 $C_2(s)$）之后，系统输出 $x(t)$ 的稳态误差从 0.6 下降至 0.23。同时可以看出，使用 $C_2(s) = \dfrac{s+0.5}{s+0.1}$ 的系统输出在开始阶段的表现与原系统保持一致。之后补偿器会"慢慢"地修正稳态误差。而使用了 $C_1(s) = \dfrac{s+5}{s+1}$ 的系统输出则有完全不同的表现。

(a) 增加补偿器$C_1(s)=\dfrac{s+5}{s+1}$后的系统框图与根轨迹

(b) 增加补偿器$C_2(s)=\dfrac{s+0.5}{s+0.1}$后的系统框图与根轨迹

图 8.4.9 不同滞后补偿器框图及其所对应的根轨迹

图 8.4.10 不同滞后补偿器所对应的系统输出

滞后补偿器内容请扫描此二维码观看。

8.5 比例积分微分(PID)控制器

本书的7.3节介绍了比例积分控制器,8.4.1节介绍了比例微分控制。将它们二者结合在一起就形成了控制领域中著名的**比例积分微分(PID)控制器**。PID控制器是非常符合人类直觉的控制方法。它的发现来自对水手掌舵的观察,人们发现水手在控制船舶时不只是依赖目前的误差,也会考虑过去的误差以及误差的变化趋势。相信各位读者在生活中会不自觉地使用到这种控制方法来做事情。如图8.5.1所示,在浴缸中放洗澡水的时候,通过控制一个旋钮来控制出水口的温度,从而控制浴缸里面水的温度。

图 8.5.1 PID 控制举例——浴缸水温控制

控制系统的控制量是旋钮的角度 $u(t)=\varphi(t)$,系统的输出为浴缸中的水温 $x(t)=T_w(t)$。控制的目标则是把水温稳定到一个舒服的温度,即参考值 $r(t)$。参考值减去实际水温得到误差 $e(t)$,$e(t)=r(t)-x(t)$。图8.5.1说明控制量与输出之间存在着很多的中间过程,包含了复杂的物理变化:旋钮改变阀门的位置,从而改变冷热水的比例,而冷热水的比例决定了出水口的温度与流量,新注入浴缸的水与浴缸内已有的水混合之后才是最终的输出。如果对这一过程进行数学建模,就要包含动力学和热力学的模型。请读者思考一下自己在洗澡的时候,是否考虑过这些中间过程?我相信是没有的,相反,我们会通过一种直观的控制方式来完成水温的调节,即

$$u(t)=u_p(t)+u_I(t)+u_D(t)=K_P e(t)+K_I\int e(t)\mathrm{d}t+K_D\frac{\mathrm{d}e(t)}{\mathrm{d}t} \quad (8.5.1)$$

式(8.5.1)意味着,在调节旋钮控制水温的时候会综合考虑"当前"的误差(比例控制 $u_p(t)=K_P e(t)$)、"过去"误差的积累$\left(积分控制 u_I(t)=K_I\int e(t)\mathrm{d}t\right)$,以及"未来"误差的变化趋势$\left(微分控制 u_D(t)=K_D\frac{\mathrm{d}e(t)}{\mathrm{d}t}\right)$。在7.3.3节中,我们详细分析了比例积分控制如何降低甚至消除系统的稳态误差,在8.4.1节中则论证了使用比例微分控制可以提高系统的响应速度。因此,式(8.5.1)所示的比例积分微分(PID)控制器将兼具两者的优点,既可以提高系统的响应速度,也可以消除稳态误差。更为关键的是,即使不清楚动态系统的内部结构以及输入和输出的关系(例如上述的例子中,没有人清楚地知道旋钮与水温的关系),大部分情况下,我们依然可以使用PID控制系统达到满意的结果。

式(8.5.1)所对应的拉普拉斯变换为

$$U(s)=\left(K_P+K_I\frac{1}{s}+K_D s\right)E(s) \quad (8.5.2)$$

其系统框图如图 8.5.2 所示。

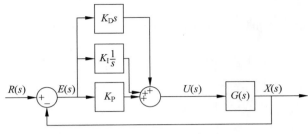

图 8.5.2 PID 控制框图

8.6 本章要点总结

- **根轨迹的研究对象预定义:**
  - 根轨迹的应用与研究要满足图 8.1.1 中的单位反馈闭环控制系统图标准形式。
  - 根轨迹的研究方法是通过研究**开环传递函数** $G(s)$ 的极点和零点来判断**闭环传递函数** $G_{cl}(s)$ 特征方程根(极点)随增益 K 的变化趋势。
- **根轨迹绘制的基本规则:**
  - 根轨迹有 6 个基本规则:
    - **规则 1**:如果 $n > m$,则根轨迹在复平面上共有 n 条分支;如果 $m > n$,则根轨迹在复平面上共有 m 条分支。
    - **规则 2**:当 $n = m$ 时,随着 K 从 0 增加到正无穷,根轨迹从 $G(s)$ 的极点向零点移动。
    - **规则 3**:实轴上的根轨迹存在于从右向左数第奇数个极点/零点的左边。
    - **规则 4**:若复数根存在,则一定是共轭的,所以根轨迹是相对于实轴对称的。这一点可以参考第 6 章。
    - **规则 5**:如果 $n > m$,则有 $(n-m)$ 条分支从极点指向无穷;如果 $n < m$,则有 $(m-n)$ 条分支从无穷指向零点。
    - **规则 6**:根轨迹沿着渐近线移动,渐近线与实轴的交点为 $\sigma_a = \dfrac{\sum s_{pn} - \sum s_{zm}}{n-m}$;渐近线 与实轴的夹角为 $\theta = \dfrac{2q+1}{n-m}\pi$, $q = \begin{cases} 0,1,\cdots,n-m-1 & n > m \\ 0,1,\cdots,m-n-1 & n < m \end{cases}$。
- **根轨迹的几何性质:**
  - 在根轨迹上的点,需要满足:
    - $|KG(s)| = 1$。
    - $\angle G(s) = -(2q+1)\pi$, $q = \pm 0, \pm 1, \pm 2, \cdots$。

- **补偿器设计：**

  - 超前补偿器：$C(s)=\dfrac{s-s_{\mathrm{zc}}}{s-s_{\mathrm{pc}}}(s_{\mathrm{pc}}<s_{\mathrm{zc}}<0)$，可以提高系统的响应速度。

  - 滞后补偿器：$C(s)=\dfrac{s-s_{\mathrm{zc}}}{s-s_{\mathrm{pc}}}(s_{\mathrm{zc}}<s_{\mathrm{pc}}<0)$，可以改善系统的稳态误差。

- **比例积分微分控制器：**

  - 时域表达：$u(t)=u_{\mathrm{p}}(t)+u_{\mathrm{I}}(t)+u_{\mathrm{D}}(t)=K_{\mathrm{p}}e(t)+K_{\mathrm{I}}\displaystyle\int e(t)\mathrm{d}t+K_{\mathrm{D}}\dfrac{\mathrm{d}e(t)}{\mathrm{d}t}$。

  - 传递函数表达：$G(s)=K_{\mathrm{P}}+K_{\mathrm{I}}\dfrac{1}{s}+K_{\mathrm{D}}s$。

  - 兼具比例微分控制与比例积分控制的优点，直观的控制方法。

频率响应与分析

本章将讨论频率响应,它通过线性时不变系统对正弦输入的稳态响应来分析系统性能。其结论被广泛地应用在控制理论和信号处理中。本章将详细推导系统频率响应的特性,分析典型系统的频率响应并讨论其应用。**本章的学习目标为:**

- 掌握线性时不变系统的频率响应推导过程和结论。
- 掌握一阶系统与二阶系统的频率响应特性。
- 理解伯德图的含义。
- 掌握典型系统的伯德图。
- 理解使用伯德图与频率响应特性设计滤波器与控制器的基本原理。

9.1 引子——百万调音师

在阅读本节的时候,读者可以打开自己电脑上或手机上的音乐播放器,选一首喜欢的曲子作为背景音乐。同时你可以在播放器的设置中打开"均衡器"(Equalizer)这一选项,如图 9.1.1 所示。通过它可以调节音乐中不同声部的振幅。一般会有几个默认的选项,如古典、摇滚、流行、民谣等,当然也可以手动调节以满足不同播音设备的要求。图 9.1.1 中横坐标部分所显示的 32,64,125,…代表频率,单位是 Hz;纵坐标代表强度(振幅)。通过调节均衡器,可以达到"低音沉、中音准、高音甜"的通透音响效果。

图 9.1.1 音频均衡器举例

有兴趣的读者如果去了解一下现代电影配乐团队中的人员配置,就会发现电影配乐是工业化的产物。调音师和录音师都是由"工程师"来承担的。一首作品可以成功,除了台前的作曲家、演奏家、歌唱家之外,背后也有大量的技术人员通过科学技术来保障音乐最终呈现出的品质。

音乐的本质是传播媒介的振动,不同频率叠加在一起便产生了美妙的乐章。例如,鼓声会集中在低频部分(32~125Hz),人声在500~2000Hz。一些乐器、高音和清晰的对白则出现在更高的频率上。本章将从控制理论的角度入手,探讨均衡器背后的数学原理,并以此为例讲解系统的频率响应。

9.2　频率特性推导

如图9.2.1所示,当正弦输入 $u(t)$ 通过一个线性时不变系统之后,在稳定的状态下,系统的输出 $x(t)$ 也是正弦函数。而且 $x(t)$ 的频率与 $u(t)$ 相同,但是振幅和相位发生了改变。下面将详细推导这一性质,并求解振幅与相位的变化规律。

图 9.2.1　正弦信号通过线性时不变系统

首先从正弦输入的一般形式入手,它可以表达为

$$u(t) = A\sin(\omega_i t) + B\cos(\omega_i t) \tag{9.2.1}$$

其中,ω_i 是输入频率(下标 i 代表 Input),A 和 B 是两个常数。如果将 A 和 B 作为三角形的两个直角边,可以得到图9.2.2中的几何关系,定义输入相位为

$$\varphi_i = \arctan\frac{B}{A} \tag{9.2.2a}$$

输入振幅为

$$M_i = \sqrt{A^2 + B^2} \tag{9.2.2b}$$

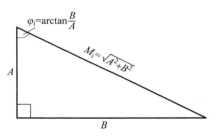

图 9.2.2　正弦函数输入的几何表达

调整式(9.2.1),可得

$$u(t) = \sqrt{A^2 + B^2}\left(\frac{A}{\sqrt{A^2+B^2}}\sin(\omega_i t) + \frac{B}{\sqrt{A^2+B^2}}\cos(\omega_i t)\right)$$
$$= \sqrt{A^2 + B^2}(\cos\varphi_i\sin(\omega_i t) + \sin\varphi_i\cos(\omega_i t))$$
$$= M_i\sin(\omega_i t + \varphi_i) \tag{9.2.3}$$

图 9.2.3　频率响应框图

式(9.2.3)中,正弦输入的振幅为 M_i,频率为 ω_i,相位为 φ_i。考虑将其施加到一个线性时不变系统 $G(s)$ 中,如图9.2.3所示。

根据式(9.2.1),正弦输入的拉普拉斯变换 $U(s)$ 为

$$U(s) = \mathcal{L}[u(t)] = \mathcal{L}[A\sin(\omega_i t) + B\cos(\omega_i t)]$$
$$= \mathcal{L}[A\sin(\omega_i t)] + \mathcal{L}[B\cos(\omega_i t)]$$
$$= \frac{A\omega_i}{s^2 + \omega_i^2} + \frac{Bs}{s^2 + \omega_i^2} = \frac{A\omega_i + Bs}{s^2 + \omega_i^2} = \frac{A\omega_i + Bs}{(s + j\omega_i)(s - j\omega_i)} \tag{9.2.4}$$

传递函数 $G(s)$ 可以表达为

$$G(s) = \frac{N(s)}{D(s)} = \frac{(s - s_{z1})(s - s_{z2})\cdots(s - s_{zm})}{(s - s_{p1})(s - s_{p2})\cdots(s - s_{pn})}, \quad n > m \tag{9.2.5}$$

其中，$N(s)$ 和 $D(s)$ 代表传递函数 $G(s)$ 的分子和分母多项式。$s_{z1}, s_{z2}, \cdots, s_{zm}$ 说明传递函数共含有 m 个零点；$s_{p1}, s_{p2}, \cdots, s_{pn}$ 表示传递函数共含有 n 个极点。此时系统的输出为

$$X(s) = U(s)G(s) = \frac{A\omega_i + Bs}{(s + j\omega_i)(s - j\omega_i)} \frac{N(s)}{D(s)} \tag{9.2.6a}$$

对其使用分式分解法可得

$$\begin{aligned}
X(s) &= \frac{A\omega_i + Bs}{(s + j\omega_i)(s - j\omega_i)} \frac{N(s)}{D(s)} \\
&= \frac{A\omega_i + Bs}{(s + j\omega_i)(s - j\omega_i)} \frac{N(s)}{(s - s_{p1})(s - s_{p2})\cdots(s - s_{pn})} \\
&= \frac{K_1}{s + j\omega_i} + \frac{K_2}{s - j\omega_i} + \frac{C_1}{s - s_{p1}} + \frac{C_2}{s - s_{p2}} + \cdots + \frac{C_n}{s - s_{pn}}
\end{aligned} \tag{9.2.6b}$$

对式 (9.2.6b) 进行拉普拉斯逆变换，可得

$$\begin{aligned}
x(t) &= \mathcal{L}^{-1}[X(s)] = \mathcal{L}^{-1}\left[\frac{K_1}{s + j\omega_i} + \frac{K_2}{s - j\omega_i} + \frac{C_1}{s - s_{p1}} + \frac{C_2}{s - s_{p2}} + \cdots + \frac{C_n}{s - s_{pn}}\right] \\
&= K_1 e^{-j\omega_i t} + K_2 e^{j\omega_i t} + C_1 e^{s_{p1} t} + C_2 e^{s_{p2} t} + \cdots + C_n e^{s_{pn} t}
\end{aligned} \tag{9.2.7}$$

根据前面几章的分析，当传递函数 $G(s)$ 的极点 $s_{p1}, s_{p2}, \cdots, s_{pn}$ 的实部都小于 0 时，$C_1 e^{s_{p1} t}, C_2 e^{s_{p2} t}, \cdots, C_n e^{s_{pn} t}$ 会随着时间 t 的增加而趋于 0。也只有在这种情况下，系统的频率响应分析才有意义，否则系统的输出将无穷大。此时，系统的稳态输出为

$$x_{ss}(t) = K_1 e^{-j\omega_i t} + K_2 e^{j\omega_i t} \tag{9.2.8}$$

下面求 K_1 和 K_2。根据式 (9.2.6b)，得到

$$\begin{aligned}
(A\omega_i + Bs)N(s) = &K_1(s - j\omega_i)D(s) + K_2(s + j\omega_i)D(s) + \\
&C_1(s + j\omega_i)(s - j\omega_i)\cdots(s - s_{pn}) + \\
&C_2(s + j\omega_i)(s - j\omega_i)(s - s_{p1})(s - s_{p3})\cdots(s - s_{pn}) + \cdots + \\
&C_n(s - j\omega_i)(s + j\omega_i)(s - s_{p1})\cdots(s - s_{pn-1})
\end{aligned} \tag{9.2.9}$$

将 $s = -j\omega_i$ 代入式 (9.2.9)，得到

$$(A\omega_i + B(-j\omega_i))N(-j\omega_i) = K_1(-j\omega_i - j\omega_i)D(-j\omega_i)$$

$$\Rightarrow K_1 = \frac{A\omega_i + B(-j\omega_i)}{-2j\omega_i} \frac{N(-j\omega_i)}{D(-j\omega_i)} = \frac{B + Aj}{2} G(-j\omega_i) \tag{9.2.10}$$

将 $s = j\omega_i$ 代入式 (9.2.9)，得到

$$(A\omega_i + B(j\omega_i))N(j\omega_i) = K_2(j\omega_i + j\omega_i)D(j\omega_i)$$

$$\Rightarrow K_2 = \frac{A\omega_i + B(j\omega_i)}{2j\omega_i} \frac{N(j\omega_i)}{D(j\omega_i)} = \frac{B - Aj}{2} G(j\omega_i) \tag{9.2.11}$$

其中，$G(j\omega_i)$ 是一个复数，可以写成指数形式，即

$$G(j\omega_i) = |G(j\omega_i)| e^{j\angle G(j\omega_i)} \tag{9.2.12}$$

传递函数 $G(s)$ 是输出与输入的拉普拉斯变换的比值。当 $s=j\omega_i$ 的时候,拉普拉斯变换变成了傅里叶变换。实信号函数的傅里叶变换属于**埃尔米特函数（Hermitian Function）**,符合共轭对称(有兴趣的读者可以参考附录 B)。

根据上述结论,$G(-j\omega_i)$ 与 $G(j\omega_i)$ 共轭,$G(j\omega_i)$ 和 $G(-j\omega_i)$ 的示意图如图 9.2.4 所示,它们的模相同,相位相反,得到

$$G(-j\omega_i)=|G(-j\omega_i)|e^{j\angle G(-j\omega_i)}=|G(j\omega_i)|e^{-j\angle G(j\omega_i)} \tag{9.2.13a}$$

将式(9.2.12)和式(9.2.13a)分别代入式(9.2.10)和式(9.2.11),可得

$$K_1=\frac{B+Aj}{2}G(-j\omega_i)=\frac{B+Aj}{2}|G(j\omega_i)|e^{-j\angle G(j\omega_i)} \tag{9.2.13b}$$

$$K_2=\frac{B-Aj}{2}G(j\omega_i)=\frac{B-Aj}{2}|G(j\omega_i)|e^{j\angle G(j\omega_i)} \tag{9.2.13c}$$

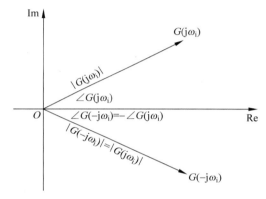

图 9.2.4　$G(j\omega_i)$ 和 $G(-j\omega_i)$ 的示意图

将式(9.2.13b)和式(9.2.13c)代入式(9.2.8),得到

$$\begin{aligned}
x_{ss}(t) &= K_1 e^{-j\omega_i t}+K_2 e^{j\omega_i t}\\
&= \frac{B+Aj}{2}|G(j\omega_i)|e^{-j\angle G(j\omega_i)}e^{-j\omega_i t}+\frac{B-Aj}{2}|G(j\omega_i)|e^{j\angle G(j\omega_i)}e^{j\omega_i t}\\
&= \frac{B+Aj}{2}|G(j\omega_i)|e^{j(-\angle G(j\omega_i)-\omega_i t)}+\frac{B-Aj}{2}|G(j\omega_i)|e^{j(\angle G(j\omega_i)+\omega_i t)}\\
&= \frac{1}{2}|G(j\omega_i)|[(B+Aj)e^{j(-\angle G(j\omega_i)-\omega_i t)}+(B-Aj)e^{j(\angle G(j\omega_i)+\omega_i t)}]
\end{aligned}$$
$$\tag{9.2.14}$$

根据欧拉公式 $\cos\varphi+j\sin\varphi=e^{j\varphi}$,可得

$$\begin{aligned}
e^{j(-\angle G(j\omega_i)-\omega_i t)} &= \cos(-\angle G(j\omega_i)-\omega_i t)+j\sin(-\angle G(j\omega_i)-\omega_i t)\\
&= \cos(\angle G(j\omega_i)+\omega_i t)-j\sin(\angle G(j\omega_i)+\omega_i t)
\end{aligned} \tag{9.2.15a}$$

$$e^{j(\angle G(j\omega_i)+\omega_i t)}=\cos(\angle G(j\omega_i)+\omega_i t)+j\sin(\angle G(j\omega_i)+\omega_i t) \tag{9.2.15b}$$

将式(9.2.15a)和式(9.2.15b)代入式(9.2.14),整理后可得

$$x_{ss}(t) = \frac{1}{2} \mid G(j\omega_i) \mid \left[2B\cos(\angle G(j\omega_i) + \omega_i t) + 2A\sin(\angle G(j\omega_i) + \omega_i t) \right]$$

$$= \mid G(j\omega_i) \mid \sqrt{A^2 + B^2}$$

$$\left[\frac{B}{\sqrt{A^2 + B^2}}\cos(\angle G(j\omega_i) + \omega_i t) + \frac{A}{\sqrt{A^2 + B^2}}\sin(\angle G(j\omega_i) + \omega_i t) \right] \quad (9.2.16)$$

将式(9.2.3)代入式(9.2.16),可得

$$x_{ss}(t) = \mid G(j\omega_i) \mid M_i \sin(\angle G(j\omega_i) + \omega_i t + \varphi_i) \quad (9.2.17)$$

定义稳态输出为

$$x_{ss}(t) = M_o \sin(\omega_i t + \varphi_o) \quad \text{其中:} \frac{M_o}{M_i} = \mid G(j\omega_i) \mid, \quad \varphi_o = \angle G(j\omega_i) + \varphi_i$$

$$(9.2.18)$$

M_o,φ_o 代表输出(下标 o 为 Output)的振幅与相位。对比式(9.2.18)和式(9.2.3),会发现在经过了上面一系列复杂的运算后得出了一个简单的**结论**:

当正弦输入 $u(t) = M_i\sin(\omega_i t + \varphi_i)$ 通过线性时不变系统 $G(s)$ 后,输出的稳态值 $x_{ss}(t)$ 与输入保持同样的频率 ω_i,但振幅变化了 $\mid G(j\omega_i) \mid$ 倍(振幅响应),相位移动了 $\angle G(j\omega_i)$(相位响应)。这是系统频率响应中最重要的结论。

以积分器为例,其框图如图 9.2.5(a)所示,传递函数为 $G(s) = \frac{1}{s}$,可得

$$G(j\omega_i) = \frac{1}{j\omega_i} = -\frac{1}{\omega_i}j \quad (9.2.19)$$

$G(j\omega_i)$ 在复平面中的表达如图 9.2.5(b)所示。根据图形可以得到 $\mid G(j\omega_i) \mid = \frac{1}{\omega_i}$,$\angle G(j\omega_i) = -\frac{\pi}{2}$。使用式(9.2.18),当输入 $u(t) = M_i\sin(\omega_i t + \varphi_i)$ 时,系统的稳态输出为

$$x_{ss}(t) = \frac{1}{\omega_i}M_i\sin\left(\omega_i t + \varphi_i - \frac{\pi}{2}\right) \quad (9.2.20)$$

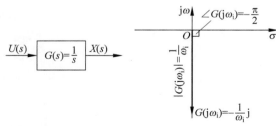

(a) 积分器框图　　　　(b) $G(j\omega)$的复平面表达　　　　(c) 输入与输出的时间响应

图 9.2.5　积分器频率响应

式(9.2.20)表明,输入 $u(t)$ 通过积分器之后振幅缩小到原来的 $\dfrac{1}{\omega_i}$,且输入的频率越高,输出的振幅就越小,所以从信号处理的角度来看,积分器是**低通滤波器(Low Pass Filter)**。其相位则有 $-\dfrac{\pi}{2}$ 的偏移。例如系统输入为 $u(t)=\sin(2t)$,根据式(9.2.20),可以得到稳态输出为

$$x_{\mathrm{ss}}(t)=0.5\sin\left(2t-\frac{\pi}{2}\right) \tag{9.2.21}$$

输出与输入的图形如图 9.2.5(c)所示。同样,也可以通过对 $u(t)$ 进行积分来验证,得到

$$\int\sin(2t)\mathrm{d}t=-0.5\cos(2t)=0.5\sin\left(2t-\frac{\pi}{2}\right) \tag{9.2.22}$$

它与式(9.2.21)得出的结果一致。

9.3 一阶系统的频率响应

如图 9.3.1(a)所示,一阶系统的传递函数为 $G(s)=\dfrac{a}{s+a}$,其中,$a>0$ 时系统稳定。

(a) 一阶系统框图 (b) 一阶系统 $G(\mathrm{j}\omega_i)$ 的复平面表达

图 9.3.1 一阶系统框图和其 $G(\mathrm{j}\omega_i)$ 的复平面表达

为分析其频率响应,先计算 $G(\mathrm{j}\omega_i)$,得到

$$G(\mathrm{j}\omega_i)=\frac{a}{\mathrm{j}\omega_i+a}=\frac{a(a-\mathrm{j}\omega_i)}{(\mathrm{j}\omega_i+a)(a-\mathrm{j}\omega_i)}=\frac{a^2-a\mathrm{j}\omega_i}{\omega_i^2+a^2}=\frac{a^2}{\omega_i^2+a^2}-\frac{a\omega_i}{\omega_i^2+a^2}\mathrm{j} \tag{9.3.1}$$

在式(9.3.1)中,$G(\mathrm{j}\omega_i)$ 的实部部分为 $\dfrac{a^2}{\omega_i^2+a^2}$,虚部部分为 $-\dfrac{a\omega_i}{\omega_i^2+a^2}$。其在复平面中的表达如图 9.3.1(b)所示。根据三角几何关系,可得

$$|G(\mathrm{j}\omega_i)|=\sqrt{\left(\frac{a^2}{\omega_i^2+a^2}\right)^2+\left(-\frac{a\omega_i}{\omega_i^2+a^2}\right)^2}=\sqrt{\frac{a^2}{\omega_i^2+a^2}}=\sqrt{\frac{1}{\left(\dfrac{\omega_i}{a}\right)^2+1}} \tag{9.3.2a}$$

$$\angle G(\mathrm{j}\omega_i)=\arctan\frac{-\dfrac{a\omega_i}{\omega_i^2+a^2}}{\dfrac{a^2}{\omega_i^2+a^2}}=-\arctan\frac{\omega_i}{a} \tag{9.3.2b}$$

分析式(9.3.2a),可得:

(1) 当 $\omega_i = 0$ 时，$|G(j0)| = \sqrt{\dfrac{1}{\left(\dfrac{0}{a}\right)^2 + 1}} = 1$。

(2) 随着 ω_i 的增加，$|G(j\omega_i)|$ 会不断地降低。

(3) 当 $\omega_i = a$ 时，$|G(ja)| = \sqrt{\dfrac{1}{\left(\dfrac{a}{a}\right)^2 + 1}} = \sqrt{\dfrac{1}{1+1}} = 0.707$。

(4) 当 $\omega_i \to \infty$ 时，$\dfrac{\omega_i}{a} \to \infty$，此时 $\lim\limits_{\omega_i \to \infty} |G(j\omega_i)| = \lim\limits_{\omega_i \to \infty} \sqrt{\dfrac{1}{\left(\dfrac{\omega_i}{a}\right)^2 + 1}} = 0$。

同理，分析式(9.3.2b)，可得：

(1) 当 $\omega_i = 0$ 时，$\angle G(j0) = -\arctan\dfrac{0}{a} = 0$。

(2) 随着 ω_i 的增加，$\angle G(j\omega_i)$ 会不断地降低。

(3) 当 $\omega_i = a$ 时，$\angle G(j\omega_i) = -\arctan\dfrac{\omega_i}{a} = -\dfrac{\pi}{4}$。

(4) 当 $\omega_i \to \infty$，$\dfrac{\omega_i}{a} \to \infty$ 时，$\angle G(j\omega_i) = \lim\limits_{\omega_i \to \infty}\left(-\arctan\dfrac{\omega_i}{a}\right) = -\dfrac{\pi}{2}$。

根据上述分析，当 $G(s) = \dfrac{a}{s+a}$ 时，$|G(j\omega_i)|$ 和 $\angle G(j\omega_i)$ 随 ω_i 的变化示意图如图 9.3.2 所示。

(a) $|G(j\omega_i)|$ 随 ω_i 的变化　　　　(b) $\angle G(j\omega_i)$ 随 ω_i 的变化

图 9.3.2　$G(s) = \dfrac{a}{s+a}$ 的频率响应

从信号处理的角度来分析，观察图 9.3.2(a)可以发现，$G(s) = \dfrac{a}{s+a}$ 是一个**低通滤波器**。其中，a 被称为**截止频率(Cut-off Frequency)**。当输入信号频率 $\omega_i < a$ 时，振幅大部分会被保留下来；而当 $\omega_i > a$ 时，振幅就会被缩小，而且 ω_i 越大，输出的振幅就越小。正是因为这个性质，在实际应用中，一阶系统常常被用来降噪。一般情况下，噪声信号与信息信号相比多为高频率、小振幅的信号。如图 9.3.3 所示，有效信号是频率 $\omega_i = 1$ 的正弦信号 $\sin t$。在使用传感器采集数据的时候，同时还采集到了高频噪声，因此得到的输入信号就有很多"毛刺"。将其输入到一个低通滤波器 $G(s) = \dfrac{a}{s+a} = \dfrac{1}{s+1}$ 之后，原始的正弦信号被保留下来，大部分的高频噪声则被过滤掉了，因此得到了一条光滑的曲线。另外，因为 $G(s)$ 截止频率 $a = 1$，所以当输入频率为 $\omega_i = 1$ 时，输出的振幅是原来的 0.707 倍，$|G(j\omega_i)| = 0.707$。

在信号处理学科中，$G(s) = \dfrac{1}{s+1}$ 被称为一阶**巴特沃思滤波器**（**Butterworth Filter**）。有兴趣的读者可以参考相关资料。

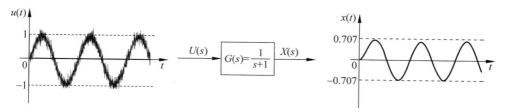

图 9.3.3　通过一阶系统处理信号过滤高频噪声

下面请读者回忆前面几个章节中出现过的一阶系统的例子：第 2 章所介绍的电阻电容电路，第 4 章中介绍的密室内体温变化的问题以及第 7 章中的体重变化的例子。它们都是一阶系统，都存在低通滤波器的特性。以体重系统为例，一个人在短时间内的暴饮暴食，或者大量的运动并不会及时地体现在体重的变化上，而是需要一段时间的延迟才会有反应。体温变化也是如此，如果将室内的空调迅速反复地打开、关上，再打开、再关上。这种高速且剧烈的输入变化并不会体现在室内人体体温的变化上。如果去归纳上述例子的共同点，会发现一阶系统都包含一个"容器"，在电路系统中是电容，在体温变化系统中是密室内的大量导热介质（空气），在体重变化系统中则是人体自身所堆积的脂肪。

从直观的角度来理解，这些"容器"提供了缓冲，给系统的响应带来了延迟，从而抵消了输入的高速变化带来的影响。当把这个理论运用到日常生活中时，可以得出以下结论：

我们需要不断地积累经验，充实自己，不然就会随波逐流，会对外界环境的变化非常敏感，反应剧烈而不得章法。只有通过不断地积累，曾经沧海，才能在变化莫测的横流当中处乱不惊。

本节的最后请读者思考，如果一个传递函数 $G(s)$，它的振幅变化为

$$| G(\mathrm{j}\omega_i) | = \sqrt{\dfrac{1}{\left(\dfrac{a}{\omega_i}\right)^2 + 1}} \tag{9.3.3}$$

使用同样的方法分析，可以得出其所对应的是一个**高通滤波器**（**High Pass Filter**），读者可以自己倒推出它的传递函数，这里直接给出结果：$G(s) = \dfrac{s}{s+a}$，其中 $a > 0$。

9.4　二阶系统的频率响应

本节将分析二阶系统的频率响应。如图 9.4.1 所示，二阶系统的传递函数 $G(s) = \dfrac{\omega_n^2}{s^2 + 2\zeta\omega_n s + \omega_n^2}$，其中，$\omega_n$ 是其固有频率，ζ 是阻尼比。

为分析其频率响应,先计算 $G(j\omega_i)$,得到

$$G(j\omega_i) = \frac{\omega_n^2}{(j\omega_i)^2 + 2\zeta\omega_n(j\omega_i) + \omega_n^2} = \frac{1}{-\dfrac{\omega_i^2}{\omega_n^2} + 2\zeta\dfrac{\omega_i}{\omega_n}j + 1}$$

图 9.4.1 二阶系统框图

$$(9.4.1)$$

为简化运算,令 $\dfrac{\omega_i}{\omega_n} = \Omega$,可得

$$G(j\omega_i) = \frac{1}{-\Omega^2 + 2\zeta\Omega j + 1} = \frac{-\Omega^2 - 2\zeta\Omega j + 1}{(-\Omega^2 + 2\zeta\Omega j + 1)(-\Omega^2 - 2\zeta\Omega j + 1)} = \frac{1 - \Omega^2 - 2\zeta\Omega j}{(1-\Omega^2)^2 + 4\zeta^2\Omega^2}$$

$$= \frac{1 - \Omega^2}{(1-\Omega^2)^2 + 4\zeta^2\Omega^2} - \frac{2\zeta\Omega}{(1-\Omega^2)^2 + 4\zeta^2\Omega^2}j \qquad (9.4.2)$$

它的实部部分为 $\dfrac{1-\Omega^2}{(1-\Omega^2)^2 + 4\zeta^2\Omega^2}$,虚部部分为 $-\dfrac{2\zeta\Omega}{(1-\Omega^2)^2 + 4\zeta^2\Omega^2}$。可得

$$|G(j\omega_i)| = \sqrt{\left(\frac{1-\Omega^2}{(1-\Omega^2)^2 + 4\zeta^2\Omega^2}\right)^2 + \left(-\frac{2\zeta\Omega}{(1-\Omega^2)^2 + 4\zeta^2\Omega^2}\right)^2} = \sqrt{\frac{1}{(1-\Omega^2)^2 + 4\zeta^2\Omega^2}}$$

$$(9.4.3a)$$

$$\angle G(j\omega_i) = \arctan\frac{-\dfrac{2\zeta\Omega}{(1-\Omega^2)^2 + 4\zeta^2\Omega^2}}{\dfrac{1-\Omega^2}{(1-\Omega^2)^2 + 4\zeta^2\Omega^2}} = -\arctan\frac{2\zeta\Omega}{1-\Omega^2} \qquad (9.4.3b)$$

分析式(9.4.3a)可以发现:

(1) 当 $\omega_i = 0$ 时,$\Omega = 0$,$|G(j0)| = \sqrt{\dfrac{1}{(1-0)^2 + 4\zeta^2 \times 0}} = 1$。

(2) 当 $\omega_i = \omega_n$ 时,$\Omega = 1$,$|G(j\omega_n)| = \sqrt{\dfrac{1}{(1-1^2)^2 + 4\zeta^2}} = \dfrac{1}{2\zeta}$。在这种情况下,如果 $\zeta < 0.5$,$|G(j\omega_n)| > 1$,输出的振幅就会被加强;如果 $\zeta > 0.5$,$|G(j\omega_n)| < 1$,输出的振幅则会被减弱。当 $\zeta = 0$ 时(无阻尼系统),$|G(j\omega_n)| \to \infty$。

(3) 当 $\omega_i \to \infty$ 时,$\Omega \to \infty$,此时 $\lim\limits_{\omega_i \to \infty}|G(j\omega_i)| = \lim\limits_{\Omega \to \infty}\sqrt{\dfrac{1}{(1-\Omega^2)^2 + 4\zeta^2\Omega^2}} = 0$。

根据上面三点可以判断出,ζ 在某些条件下,当输入频率 ω_i 从 0 到 ∞ 变化时,输出的振幅 $|G(j\omega_i)|$ 会呈现先增后减的趋势。求 $|G(j\omega_i)|$ 的极值,令式(9.4.3a)的分母部分对 Ω 求导等于 0,得到

$$\frac{d((1-\Omega^2)^2 + 4\zeta^2\Omega^2)}{d\Omega} = 0$$

$$\Rightarrow 2(1-\Omega^2)(-2\Omega) + 8\zeta^2\Omega = 0$$

$$\Rightarrow -1 + \Omega^2 + 2\zeta^2 = 0$$

$$\Rightarrow \Omega = \pm\sqrt{1 - 2\zeta^2} \qquad (9.4.4)$$

因为 $\Omega > 0$，所以取 $\Omega = \sqrt{1-2\zeta^2} = \dfrac{\omega_i}{\omega_n}$。同时因为 Ω 为正实数，所以只有在阻尼比 $\zeta < \sqrt{0.5}$ 时，式 (9.4.4) 才有意义，$|G(j\omega_i)|$ 才会表现出先增后减的性质。定义 $|G(j\omega_i)|$ 最大值时的输入频率为 $\omega_R = \omega_n \sqrt{1-2\zeta^2}$，称为**共振频率**（**Resonant Frequency**）（此时 $\Omega = \dfrac{\omega_i}{\omega_n} = \sqrt{1-2\zeta^2}$）。同时可以发现，当阻尼比 ζ 很小的时候，共振频率约等于系统的固有频率，即 $\omega_R \approx \omega_n$。

不同阻尼比条件下的二阶系统频率响应如图 9.4.2 所示（目前请读者主要关注图形的示意，暂时忽略横轴与纵轴的单位），可见，如果阻尼比 ζ 较小，当外界输入的频率 ω_i 在共振频率 ω_R 附近时，系统输出会表现出强烈的振幅响应，这个现象称为**共振**。

> 从系统稳定性的角度考虑，当 $\zeta = 0$ 时，二阶系统的传递函数为 $G(s) = \dfrac{\omega_n^2}{s^2 + \omega_n^2}$，它的极点在虚轴上，$s_p = \pm j\omega_n$。根据第 6 章的分析，该动态系统符合临界稳定但不满足 BIBO 稳定，此时一个有界的正弦输入，例如 $u(t) = \sin(\omega_n t)$，也会导致其振幅响应 $|G(j\omega_n)| \to \infty$。

图 9.4.2 二阶系统的振幅频率响应

日常生活中会经常见到共振现象，例如，小提琴就是通过共振的箱体放大琴弦本身振动的音量。曾经位于美国华盛顿州的塔科马海峡大桥也是因为结构共振的缺陷，在建成 4 个月之后就被并不剧烈的风吹垮了。再如我们日常乘坐公交车的时候，总会在某些时刻、某些位置感受到强烈的振动，这是因为发动机的振动与车体本身结构固有频率在某一时刻非常相似。

如果把上述分析类比到生活中，可以得出一个结论：

> 劝人说话，感同身受是很难的一件事情，有的人会被物质刺激，有的人会被颜值刺激，有的人会被精神刺激，有的人则是佛系。要找到对方的"固有频率"，并使用近似的"输入频率"与之交流，才可能产生共鸣。这就是为什么和有的人在一起会感觉非常舒服，和另一些人就会比较尴尬。这都是内心中的频率在起作用。

请注意，我写上面这段话以及 9.3 节中的类比的目的，是希望以通俗易懂的语言加深读者对频率响应知识的理解，而不是试图用数学的方法来解释心理学或者哲学的问题。虽然这样的做法现在非常流行,但在我看来,这样的尝试很容易掉进"披着科学外衣的伪科学"的陷阱中。例如针对9.3节一阶系统的频率响应,使用同样的论据,换一种说法,就能得到截然相反的论点:

> 过去的经验会成为你的包袱,所以总是跟不上时代的变化,需要做的是抛开这些包袱,解放思想,这样就可以在瞬息万变的环境中追风逐电,披荆斩棘。

相信读者也已经发现,上面的论证采用了迷惑性的技巧,即使用一个科学的或者数学的原理"有选择性"地从某个角度去解释社会学的、心理学的或者是哲学的论点,让这个论点"看上去"有了科学的支撑。但是这种论证往往是禁不起仔细推敲的。所以希望读者再次看到类似观点的时候要多一些思考,这也是本书一直强调的思辨精神。而且在我看来,其实不管选择哪条路都没有错,但是,我们要对自己的选择负责。

关于二阶系统的相位$\angle G(j\omega_i)$随输入频率ω_i的变化,读者可以自行推导,这里不再赘述。

9.5　伯德图

本节将介绍一种最为广泛应用的频率响应绘图方法——**伯德图**(**Bode Plot**)。它是对数频率特性曲线,是以发明人荷兰裔美国工程师Hendrik Wade Bode命名的。因为它的一些优秀的性质,在实际中应用非常广泛。当今,使用电脑软件只需要几行代码就可以快速准确地绘制伯德图,因此在本书中,重点将放在理解伯德图背后的含义及其应用上。

9.5.1　伯德图的含义与性质

图9.5.1所示的伯德图由上下两部分组成:上半部分是输出的振幅响应$|G(j\omega_i)|$随输入频率ω_i的变化,称为**幅频图**(**Magnitude Plot**),下半部分是输出的相位响应$\angle G(j\omega_i)$随输入频率ω_i的变化,称为**相频图**(**Phase Plot**)。

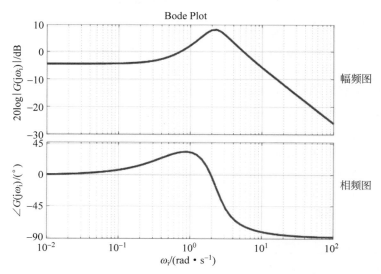

图9.5.1　伯德图示例

理解伯德图的含义,第一步是明确其横纵坐标轴的单位和意义。首先分析幅频图,其纵轴坐标是 $20\log|G(j\omega_i)|$,单位是 dB,即**分贝**(**Decibel**)。各位读者对这个单位应该不陌生,在生活中分贝被用来描述噪声。例如,60dB 是日常交流的声音强度,80dB 是闹市区的声音强度,二者之间差了 20dB,而它们的功率相差了 100 倍。分贝最开始出现时被用来描述电话线路信号的丢失。Decibel 这个单词中的"deci"代表 1/10,"bel"指的是 Alexander Bell——那位拥有电话专利的科学家。

分贝体现的是能量比值的概念,其定义为

$$L_{dB} = 10\log\frac{P_m}{P_r} \tag{9.5.1}$$

其中,log 是以 10 为底的对数运算,P_m 是**测量功率**(**Measurement Power**),P_r 是**参考功率**(**Reference Power**)。L_{dB} 代表测量功率与参考功率的比值取对数再乘以 10,单位是 dB。例如,当 $P_m = P_r$ 时(测量功率等于参考功率),其结果为 $L_{dB} = 10\log1 = 0$dB。式(9.5.1)中取对数可以将很大的数量级用较小的数位表达,从而达到简化记录的效果。例如,测量功率是参考功率的 $\frac{P_m}{P_r} = 2.5\times10^{12}$ 倍,当使用式(9.5.1)时得到 $10\log2.5\times10^{12}\approx124$dB。另外,在图 9.5.1 中,幅频图的纵轴是 $20\log|G(j\omega_i)|$,而在式(9.5.1)中分贝的定义是 $10\log\frac{P_m}{P_r}$,这是因为在频率响应中分析的是输出振幅 M_o 与输入振幅 M_i 之间的比值 $\frac{M_o}{M_i}$,而在式(9.5.1)中考虑的是功率之间的比值,而功率与振幅的平方成比例。因此使用振幅比时,式(9.5.1)变成

$$L_{dB} = 10\log\frac{P_m}{P_r} = 10\log\left(\frac{M_o}{M_i}\right)^2 = 20\log\frac{M_o}{M_i} = 20\log|G(j\omega_i)| \tag{9.5.2}$$

式(9.5.2)解释了伯德图中纵轴的由来,当 $M_o = M_i$ 时,输出与输入的振幅相同,在伯德图中就是 0dB。当 $M_o = 10M_i$ 时,输出振幅是输入振幅的 10 倍,幅频图就显示 20dB。而当 $M_o = 0.1M_i$ 时,幅频图则显示 -20dB。幅频图的横轴是输入频率 ω_i,按照对数来分度(10倍分度)。

相较于幅频图,相频图就很容易理解,它的横轴与幅频图是一样的,纵轴以度为单位。

伯德图的一个重要性质来自对数的运算法则,即

$$20\log MN = 20\log M + 20\log N \tag{9.5.3}$$

这个性质可以很好地运用在串联系统(控制或者滤波)中,如图 9.5.2 所示。其输入与输出的关系为

$$\frac{X(s)}{U(s)} = G_1(s)G_2(s) \tag{9.5.4}$$

图 9.5.2　串联系统

分析其频率响应,需要将 $s = j\omega_i$ 代入 $G_1(s)G_2(s)$,根据复数的性质,可得

$$|G_1(j\omega_i)G_2(j\omega_i)| = |G_1(j\omega_i)||G_2(j\omega_i)| \tag{9.5.5}$$

在经过对数运算之后,式(9.5.5)可以写成

$$20\log|G_1(j\omega_i)G_2(j\omega_i)| = 20\log|G_1(j\omega_i)| + 20\log|G_2(j\omega_i)| \tag{9.5.6a}$$

相位为

$$\angle G_1(j\omega_i)G_2(j\omega_i) = \angle G_1(j\omega_i) + \angle G_1(j\omega_i) \tag{9.5.6b}$$

式(9.5.6)说明串联系统的伯德图等于其子系统伯德图的叠加。因此,如果我们掌握了一些典型系统的伯德图,就可以分析复杂的串联系统了。同时,它也为滤波器的设计提供了思路。

9.5.2 典型系统的频率响应

本节将讨论典型系统的频率响应及其伯德图,在掌握这些典型系统的频率响应后,可以将它们串联组合以分析复杂的系统。

例 9.5.1 积分器,$G(s) = \dfrac{1}{s}$。

参考9.2节末尾处对积分频率响应的计算,其中:$|G(j\omega_i)| = \dfrac{1}{\omega_i}$,$\angle G(j\omega_i) = -\dfrac{\pi}{2} = -90°$。可得

$$20\log|G(j\omega_i)| = 20\log\frac{1}{\omega_i} = -20\log\omega_i \, dB \tag{9.5.7}$$

式(9.5.7)说明其幅频图的斜率为 $-20dB/dec$,其中 dec 代表十倍(decade)。输入频率 ω_i 每增加十倍,伯德图中幅频曲线就会下降20dB。当输入频率 $\omega_i = 1$ 时,$20\log|G(j\omega_i)| = 0dB$。同时,它的相位 $\angle G(j\omega_i)$ 始终为 $-90°$。其伯德图如图9.5.3所示,它说明当输入频率 $\omega_i < 1$ 时,$20\log|G(j\omega_i)| > 0$,即 $|G(j\omega_i)| > 1$,所以 $M_o = |G(j\omega_i)|M_i > M_i$,输出的振幅大于输入的振幅,同时输入的频率越低,输出的振幅就越大。反之亦然。所以积分器是一个低通滤波器。从能量的角度考虑,当输入频率较低时,输出振幅的增加需要额外的能量来源。所以积分器无法通过被动元器件实现,需要额外供能。

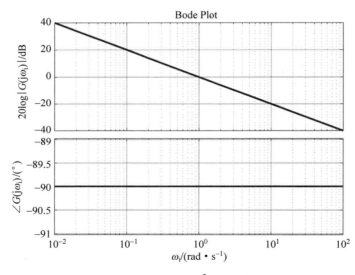

图 9.5.3　$G(s) = \dfrac{1}{s}$ 的伯德图

例 9.5.2 一阶系统,$G(s)=\dfrac{1}{\dfrac{1}{a}s+1}$,其中 $a>0$。

参考式(9.3.2),得到其频率响应,其中:$|G(j\omega_i)|=\sqrt{\dfrac{1}{\left(\dfrac{\omega_i}{a}\right)^2+1}}$,$\angle G(j\omega_i)=-\arctan\dfrac{\omega_i}{a}$。

可得:

(1) 当 $\omega_i=0$ 时,$|G(j0)|=\sqrt{\dfrac{1}{\left(\dfrac{0}{a}\right)^2+1}}=1\Rightarrow 20\log|G(j\omega_i)|=0\text{dB}$,$\angle G(j\omega_i)=0°$。

(2) 在截止频率 $\omega_i=a$ 时,$|G(j\omega_i)|=\sqrt{\dfrac{1}{1+1}}=0.707\Rightarrow 20\log|G(j\omega_i)|=-3\text{dB}$,

$\angle G(j\omega_i)=-45°$。

(3) 当 $\omega_i\gg a$ 时,$|G(j\omega_i)|=\dfrac{1}{\omega_i}\Rightarrow 20\log|G(j\omega_i)|=-20\log\omega_i\text{dB}$,$\angle G(j\omega_i)=-90°$,这说明一阶系统在高频区域的频率响应与积分系统一样,幅频图的斜率都是 -20dB/dec,相频图是 $-90°$。

根据上述三点,得出一阶系统伯德图的**渐近线**,如图 9.5.4 所示。其幅频响应由两条渐近线组成,在低频段是从 0 开始的一条直线,在高频段则是斜率为 -20dB/dec 的直线。同时,幅频响应会经过 $(a,-3\text{dB})$ 点。相频图也是两条渐近线,分别是 $0°$ 和 $-90°$。同时,相频图经过 $(a,-45°)$ 点。其伯德图曲线如图 9.5.4 所示(此图假设 $1<a<10$)。

图 9.5.4 $G(s)=\dfrac{a}{s+a}$ 的伯德图

例 9.5.3 比例微分(PD)系统,$G(s)=\dfrac{1}{a}s+1$,其中 $a>0$。

其伯德图如图 9.5.5 所示,读者可以按照例 9.5.2 的方法分析它的渐近线以及在不同频率段上的斜率。图 9.5.5 描述了一个高通滤波器,当输入频率 $\omega_i > 1$ 时,输出振幅会被放大,而且输入的频率越高,输出的振幅就越大。

从能量的角度分析,当使用 PD 控制器的时候需要额外的能量来源。同时,PD 控制器对高频噪声会非常敏感(放大高频噪声),这就解释了 8.4.2 节中所描述的 PD 控制器的两个缺陷。

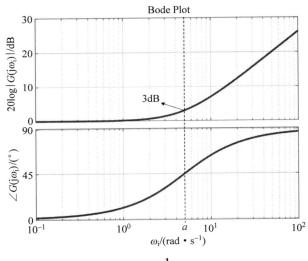

图 9.5.5 $G(s) = \dfrac{1}{a}s + 1$ 的伯德图

例 9.5.4 比例控制系统,$G(s) = K$,其中 $K > 0$。

其幅频图是 $20\log|G(j\omega_i)| = 20\log K$,当 $K > 1$ 时为正,当 $K < 1$ 时为负。相频图 $\angle G(j\omega_i) = 0°$。因此,比例控制只会放大(缩小)振幅,而不会引起延迟。伯德图略。

例 9.5.5 超前补偿器,$G(s) = \dfrac{s+1}{s+10}$。

绘制其伯德图,可以直接将 $s = j\omega_i$ 代入 $G(s)$ 后进行分析。另一方面,可以利用伯德图和复数运算的性质,将其分解成几个典型的串联的子系统,各自分析之后叠加在一起。$G(s)$ 可以分解为

$$G(s) = \frac{s+1}{s+10} = \frac{s+1}{10\left(\frac{1}{10}s+1\right)} = \left(\frac{1}{10}\right)(s+1)\left(\frac{1}{\frac{1}{10}s+1}\right) = G_1(s)G_2(s)G_3(s)$$

(9.5.8)

其中,$G_1(s) = \dfrac{1}{10}$ 是比例控制系统,$G_2(s) = s+1$ 是比例微分系统,$G_3(s) = \left(\dfrac{1}{\frac{1}{10}s+1}\right)$ 是一

阶系统。在前面几例中分析过上述三个子系统的伯德图,它们各自对应的渐近线如图 9.5.6 上半部分所示。根据伯德图的性质,将子系统的渐近线叠加在一起就形成了 $G(s)$ 频率响应的伯德图渐近线,如图 9.5.6 下半部分所示。实际伯德图曲线如图 9.5.7 所示。

图 9.5.6 $G(s)=\dfrac{s+1}{s+10}$ 的伯德图渐近线叠加示意图

比较图 9.5.7 和图 9.5.5 可知,超前补偿器与比例微分系统不同,它并不会无限地放大高频信号,这是因为极点的加入平滑了高频部分的幅频曲线,同时它不需要额外的能量来源。另外,通过其相频图中可知相位响应为正,因此命名为超前补偿器。

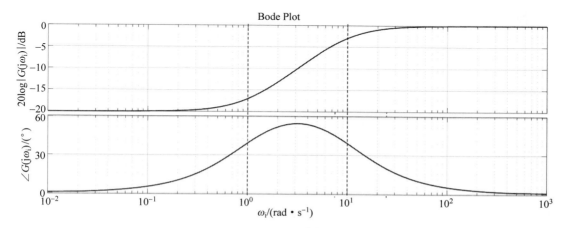

图 9.5.7 $G(s)=\dfrac{s+1}{s+10}$ 的伯德图

例 9.5.6 滞后补偿器，$G(s) = \dfrac{0.1s+1}{s+1}$。

可以使用例9.5.5的方法进行分析，故不再赘述。其伯德图如图9.5.8所示，其相位滞后，所以命名为滞后补偿器。与此同时，比较图9.5.8和图9.5.3可以发现滞后补偿器与积分器不同，它平滑了低频部分的幅频曲线，因此不需要额外的能量来源。

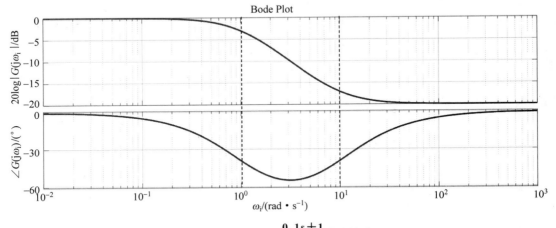

图 9.5.8　$G(s) = \dfrac{0.1s+1}{s+1}$ 的伯德图

> 掌握典型系统的频率响应有助我们理解控制器的特性。其中，积分器和滞后补偿器的相位响应都滞后于输入，正因为如此，使用这两种控制器会关注"过去"时的积累，因此有助于消除系统的稳态误差。而 PD 控制器和超前补偿器则相反，它们的相位响应都要比输入提前，使用这两种控制器会提前做出预测，提高系统的响应速度。请读者对照第 7 章、第 8 章内容分析思考。

伯德图内容请扫描此二维码观看。

9.5.3　调音台的设计

通过以上几个小节的介绍，我们掌握了几种典型系统的伯德图及其伯德图在串联系统中的使用方法。读者可以使用同样的方法分析其他的系统，例如二阶系统，或者更高阶的系统，并结合绘图软件进行对比学习，加深理解。同时，也可以在学习信号处理相关课程时对比本章内容。

当我们将例9.5.5逆向使用时，便可以设计本章开始时提出的调音台的问题。将图9.1.1抽象成一个伯德图之后再将其分解成几个部分，选择合适的截止频率，就可以得到一系列的传递函数，如图9.5.9所示，将这些传递函数相乘就可以得到所需要的调音器了。值得注意的是，9.5.2节中所举例子都是一阶的，其最大的伯德图斜率为±20dB/dec，在调音台设计中往往需要更大的斜率，因此需要更高阶的传递函数（滤波器）。读者不妨自己动手做一下这个滤波器，并使用软件进行测试。

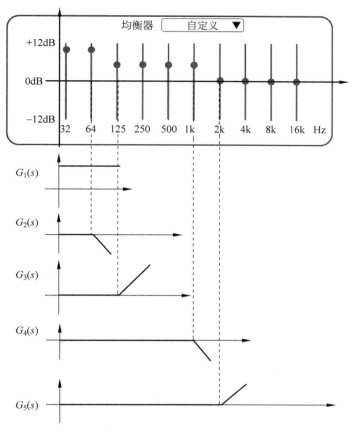

图 9.5.9　调音台生成示意图

9.6　本章要点总结

- **线性时不变系统的频率响应：**
  - 当一个正弦信号通过线性时不变系统后，在**稳定状态**下，系统的输出和输入的信号频率相同，但振幅和相位发生了变化。
  - 稳态输出为 $x_{ss}(t) = M_o \sin(\omega_i t + \varphi_o)$，其中，$\dfrac{M_o}{M_i} = |G(j\omega_i)|$，$\varphi_o = \angle G(j\omega_i) + \varphi_i$。
  - 研究线性时不变系统的频率响应需要从 $G(j\omega_i)$ 入手，寻找它的振幅响应 $|G(j\omega_i)|$ 与相位响应 $\angle G(j\omega_i)$。
- **一阶系统的频率响应：**
  - 一阶系统从信号处理的角度看是一个低通滤波器，输入频率越高，输出振幅越小，反之亦然。
  - 一阶系统可以用来消除高频信号噪声。
  - 一阶系统含有"容器"（积分）性质，系统输出对输入有延迟响应。

- **二阶系统的频率响应**：

  ○ 二阶系统的阻尼比会影响系统的频率响应,阻尼比越大,频率响应越迟缓。

  ○ 当输入频率接近系统固有频率的时候,会产生共振现象,输出的振幅会被增强。

- **伯德图**：

  ○ 伯德图是一种对数频率特性曲线,具有良好的性质。

  ○ 一个复杂系统可以拆解为多个子系统进行分析,并将频率响应的结果叠加。

  ○ 使用伯德图可以设计滤波器。

基于状态空间方程的控制器及观测器的设计与应用

本章将从状态空间方程的角度设计控制器,从一个案例入手,深入地讨论状态反馈控制器的设计思路和方法,包含极点配置、最优化控制、轨迹追踪以及线性观测器的设计与应用。**本章的学习目标为:**

- 掌握系统能控性的概念和判断系统能控性的方法。
- 掌握线性状态反馈控制器的设计思路与设计流程。
- 了解最优化控制器的设计思路与目标。
- 掌握轨迹追踪控制器的设计思路与设计流程。
- 掌握系统能观测性的概念和判断系统能观测性的方法。
- 掌握线性观测器的设计思路与方法。
- 掌握线性观测器和控制器结合设计的思路与方法。

10.1 引子——指尖上的平衡

10.1.1 问题的提出与数学建模

请读者观察图 10.1.1(a)所示的指尖平衡案例,这也是倒立摆的简化模型。在一根长度为 d 的连杆顶端固定一个质量为 m 的小球(连杆的质量忽略不计)。连杆的另一端与手指接触,为简化分析,只考虑小球在二维平面 (x_1,x_2) 上的运动。连杆与垂直方向的夹角为 $\phi(t)$,顺时针方向为正方向。手指的移动方向固定沿图中 x_1 轴,位移为 $\xi(t)$,向右为正。忽略摩擦力,手指对连杆的作用力为 F 并沿着连杆方向指向小球。通过移动手指,连杆与垂直方向的角度 $\phi(t)$ 会发生改变。控制的目标是通过手指的运动使连杆小球与垂直方向的角度 $\phi(t)$ 沿着图 10.1.1(b)所示的目标轨迹 $\phi_d(t)$(下标 d 代表 Desired,目标值)移动。

为解决这个问题,首先要建立此动态系统的数学模型。对连杆小球进行受力分析可以得到在 x_1 方向,根据牛顿第二定律:

$$m \frac{\mathrm{d}^2 x_1(t)}{\mathrm{d}t^2} = F_{x_1} \tag{10.1.1}$$

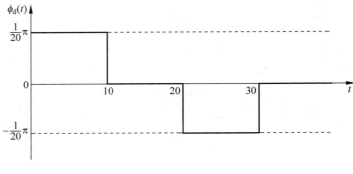

(a) 示意图与受力分析图   (b) 目标轨迹$\phi_d(t)$随时间的变化

图 10.1.1　指尖平衡案例

其中，$x_1(t)$是小球沿x_1方向的位移，它由手指的位移加上小球的位移组成，即

$$x_1(t) = \xi(t) + d\sin\phi(t) \tag{10.1.2}$$

式(10.1.2)中存在非线性项$d\sin\phi(t)$，在本书中讨论的是线性时不变系统，因此需要将它线性化。当连杆靠近垂直位置时，$\sin\phi(t) \approx \phi(t)$（关于非线性系统线性化的方法，请参考附录A）。将其代入式(10.1.2)，并对等号两边取时间的二次微分，可得

$$\frac{\mathrm{d}^2 x_1(t)}{\mathrm{d}t^2} = \frac{\mathrm{d}^2 \xi(t)}{\mathrm{d}t^2} + d\frac{\mathrm{d}^2 \phi(t)}{\mathrm{d}t^2} \tag{10.1.3}$$

将式(10.1.3)代入式(10.1.1)，得到

$$m\frac{\mathrm{d}^2 \xi(t)}{\mathrm{d}t^2} + md\frac{\mathrm{d}^2 \phi(t)}{\mathrm{d}t^2} = F_{x_1} \tag{10.1.4}$$

式(10.1.4)等号右边的F_{x_1}是手指对连杆力F在x_1方向的分力，因此$F_{x_1} = F\sin\phi(t)$，当$\phi(t)$靠近垂直位置时，$\sin\phi(t) \approx \phi(t)$，即$F_{x_1} = F\phi(t)$，代入式(10.1.4)，得到$x_1$方向的微分方程为

$$m\frac{\mathrm{d}^2 \xi(t)}{\mathrm{d}t^2} + md\frac{\mathrm{d}^2 \phi(t)}{\mathrm{d}t^2} = F\phi(t) \tag{10.1.5}$$

在x_2方向，根据牛顿第二定律：

$$m\frac{\mathrm{d}^2 x_2(t)}{\mathrm{d}t^2} = F_{x_2} - mg = F\cos\phi(t) - mg \tag{10.1.6}$$

其中，小球在x_2方向的位移为$x_2(t) = d\cos\phi(t) - d$，当$\phi(t)$很小时，$\cos\phi(t) \approx 1$，$x_2(t) = d - d = 0$。可得$0 = F - mg$，将$mg = F$代入式(10.1.5)，整理后得到连杆小球关于角度$\phi(t)$的动态微分方程，即

$$\frac{\mathrm{d}^2 \phi(t)}{\mathrm{d}t^2} - \frac{g}{d}\phi(t) = -\frac{1}{d}\frac{\mathrm{d}^2 \xi(t)}{\mathrm{d}t^2} \tag{10.1.7}$$

10.1.2　PID 控制方案

将式(10.1.7)考虑为一个动态系统，定义其输入$u(t) = \dfrac{-1}{d}\dfrac{\mathrm{d}^2 \xi(t)}{\mathrm{d}t^2}$，其中，$\dfrac{\mathrm{d}^2 \xi(t)}{\mathrm{d}t^2}$的物

理意义是手指沿 x_1 方向的加速度,乘以 $\dfrac{-1}{d}$ 的意义是将其单位化。系统的输出则定义为连杆的角度 $y(t)=\phi(t)$。式(10.1.7)可以写成

$$\frac{\mathrm{d}^2 y(t)}{\mathrm{d}t^2} - \frac{g}{d}y(t) = u(t) \tag{10.1.8}$$

将式(10.1.8)等号两边进行拉普拉斯变换,考虑零初始状态,得到动态系统的传递函数为

$$\left(s^2 - \frac{g}{d}\right)Y(s) = U(s)$$

$$\Rightarrow G(s) = \frac{Y(s)}{U(s)} = \frac{1}{s^2 - \dfrac{g}{d}} \tag{10.1.9}$$

在此基础上设计控制方案,使用第 8 章所介绍的根轨迹设计方法,首先建立一个单位反馈闭环控制系统,如图 10.1.2(a)所示,其根轨迹如图 10.1.2(b)所示。闭环传递函数的极点随着 K 的增加将沿着实轴相向移动,在虚轴汇合后指向无穷,成为两个共轭的纯虚数。这意味着无论增益 K 如何增大,都无法使系统稳定。因此,若为保障系统稳定,则需要在复平面虚轴左边增加零点,使得根轨迹的渐近线向左边移动。同时,系统也需要增加极点以消除系统的稳态误差,因此可以使用 PID 控制器,如图 10.1.2(c)所示。

(a) 单位反馈闭环控制系统框图   (b) 闭环传递函数根轨迹

(c) PID控制框图

图 10.1.2 使用传递函数方法来控制系统

有兴趣的读者可以尝试使用模拟软件搭建此系统并调节 PID 控制器的参数来分析系统的表现。你会发现参数的调节过程非常困难,很难得到满意的系统表现。这是因为开环传递函数 $G(s)$ 本身含有一个正数极点 $\sqrt{g/d}$,这就决定了无论如何去增加极点/零点,闭环传递函数的根轨迹总会有一条分支从 s_{p1} 出发向着零点或者无穷移动。这意味着需要

足够大的增益 K 才能使其移动到复平面的左半部分,而过高的增益会带来强烈的振荡和过高的超调量。并且当增益过大的时候,系统的控制量 $u(t)$ 也会变得很大,造成不必要的能量损耗。

上述问题体现了 PID 控制器的局限性,观察图 10.1.2(c)可知,控制量 $U(s)$ 是误差 $E(s)$ 的函数,而误差 $E(s) = Y(s) - R(s)$。这说明在设计控制器时只考虑了系统的输出 $Y(s)$,虽然足够简单,但是并没有提供全部的系统状态信息,因此灵活性不够。本章后面的内容将讨论使用状态空间方程设计控制器的方法,它可以有效提高控制器设计的灵活性,改善系统表现。

10.1.3 状态空间方程建模

根据第 3 章的介绍,可以将式(10.1.7)的微分方程写成状态空间方程,首先选取两个状态变量 $z_1(t)$ 和 $z_2(t)$,令

$$z_1(t) = \phi(t) \tag{10.1.10}$$

$$z_2(t) = \frac{dz_1(t)}{dt} = \frac{d\phi(t)}{dt} \tag{10.1.11}$$

取 $z_2(t)$ 对时间的导数,并将 $u(t) = -\frac{1}{d}\frac{d^2\xi(t)}{dt^2}$ 和式(10.1.7)代入其中,可得

$$\frac{dz_2(t)}{dt} = \frac{d^2\phi(t)}{dt^2} = \frac{g}{d}\phi(t) + u(t) \tag{10.1.12}$$

把式(10.1.10)和式(10.1.12)写成一个紧凑的矩阵表达形式,可得

$$\frac{d\mathbf{z}(t)}{dt} = \mathbf{A}\mathbf{z}(t) + \mathbf{B}u(t), \quad \text{其中,} \mathbf{A} = \begin{bmatrix} 0 & 1 \\ \frac{g}{d} & 0 \end{bmatrix}, \mathbf{B} = \begin{bmatrix} 0 \\ 1 \end{bmatrix} \tag{10.1.13}$$

系统的输出 $y(t) = \phi(t)$ 也可以写成矩阵形式,即

$$\mathbf{y}(t) = \mathbf{C}\begin{bmatrix} z_1(t) \\ z_2(t) \end{bmatrix} + \mathbf{D}u(t), \quad \text{其中,} \mathbf{C} = \begin{bmatrix} 1 & 0 \end{bmatrix}, \mathbf{D} = \begin{bmatrix} 0 \end{bmatrix} \tag{10.1.14}$$

式(10.1.13)和式(10.1.14)构成了动态系统的状态空间方程。图 10.1.3 使用框图描述了一个标准的状态空间方程表达式。我们将以此为基础来设计控制器。

图 10.1.3 状态空间方程的系统框图

线性状态反馈控制器—系统建模内容请扫描此二维码观看。

10.2　系统的能控性

10.2.1　系统能控性的直观理解

在设计控制器之前,需要判断一个先决条件,即**系统的能控性**(**Controllability**)。思考两个例子,如图 10.2.1(a)所示,对一个质量为 $m_1=1\mathrm{kg}$ 的小车施加向右的力 $F(t)$。小车的位移为 $x_1(t)$,根据牛顿第二定律:$m_1\dfrac{\mathrm{d}^2 x_1(t)}{\mathrm{d}t^2}=F(t)$,选取两个状态变量,$z_1(t)=x_1(t)$,代表位移;$z_2(t)=\dfrac{\mathrm{d}z_1(t)}{\mathrm{d}t}$,代表速度。令系统的输入 $u(t)=F(t)$,代表外力。可以得到状态空间方程,即

$$\frac{\mathrm{d}}{\mathrm{d}t}\begin{bmatrix} z_1(t) \\ z_2(t) \end{bmatrix}=\begin{bmatrix} 0 & 1 \\ 0 & 0 \end{bmatrix}\begin{bmatrix} z_1(t) \\ z_2(t) \end{bmatrix}+\begin{bmatrix} 0 \\ 1 \end{bmatrix}u(t) \tag{10.2.1}$$

仅凭常识判断便知,理论上可以通过改变输入 $u(t)$,使得状态变量 $z_1(t)$(小车的位移)和 $z_2(t)$(小车的速度)达到任意给定值。

下面考虑一个更复杂的情况,如果将另一辆质量为 m_2 的小车用一根弹簧挂在 m_1 的后面,如图 10.2.1(b)所示,m_2 的状态变量 $z_3(t)=x_2(t)$,代表其位移;$z_4(t)=\dfrac{\mathrm{d}z_3(t)}{\mathrm{d}t}$,代表其速度。现在的问题是,通过输入 $u(t)$ 是否可以控制所有的状态变量 $z(t)=[z_1(t),z_2(t),z_3(t),z_4(t)]^{\mathrm{T}}$,使它们同时达到一个任意的给定值? 换言之,我们能否通过控制作用在第一辆车上的外力同时控制两辆小车的位置和速度? 这一问题需要在设计控制器之前解决。

(a) 单个小车控制　　　　　　　　(b) 两个小车控制

图 10.2.1　能控性举例

10.2.2　系统能控性的定义与判据

线性时不变系统的状态空间方程一般形式为

$$\frac{\mathrm{d}z(t)}{\mathrm{d}t}=Az(t)+Bu(t) \tag{10.2.2a}$$

$$y(t)=Cz(t)+Du(t) \tag{10.2.2b}$$

状态能控性定义:对于系统(式(10.2.2))而言,如果存在着输入 $u(t)$,可以在有限的时间区间 $[t_0,t_1]$(其中 t_1 有限)内,将系统的状态变量从初始状态 $z(t_0)$ 转移到终端状态 $z(t_1)$,那么就称状态 $z(t_0)$ 是能控的状态。如果在任意的初始时间 t_0 下的初始状态 $z(t_0)$

都能控,就称系统的状态是能控的。需要指出,如果系统的状态 $z(t)$ 能控,根据式(10.2.2b),系统的输出 $y(t)$ 也一定能控。

状态能控性判据:对于 n 维线性时不变系统(式(10.2.2))而言,它的状态能控的充分必要条件是能控矩阵

$$C_{\mathrm{o}} = \begin{bmatrix} B & AB & A^2B & \cdots & A^{n-1}B \end{bmatrix} \tag{10.2.3}$$

的秩为 n,即 $\mathrm{Rank}(C_{\mathrm{o}}) = n$。

10.2.3 系统能控性的举例与分析

10.2.2 节介绍了系统能控性的定义和判据,下面请看两个例子。

例 10.2.1 判断系统 $\dfrac{\mathrm{d}z(t)}{\mathrm{d}t} = Az(t) + Bu(t)$ 的能控性,其中,$A = \begin{bmatrix} 2 & 0 \\ 1 & 1 \end{bmatrix}$,$B = \begin{bmatrix} 1 \\ 1 \end{bmatrix}$。

解:这是一个二维系统,$n=2$。根据式(10.2.3),可得 $C_{\mathrm{o}} = \begin{bmatrix} B & AB \end{bmatrix} = \begin{bmatrix} 1 & 2 \\ 1 & 2 \end{bmatrix}$,$\mathrm{Rank}(C_{\mathrm{o}}) = 1 \neq 2$,所以系统不能控。

例 10.2.2 判断式(10.2.1)系统(即单个小车移动)$\dfrac{\mathrm{d}z(t)}{\mathrm{d}t} = Az(t) + Bu(t)$ 的能控性,其中,$A = \begin{bmatrix} 0 & 1 \\ 0 & 0 \end{bmatrix}$,$B = \begin{bmatrix} 0 \\ 1 \end{bmatrix}$。

解:这是一个二维系统,$n=2$。根据式(10.2.3),得到 $C_{\mathrm{o}} = \begin{bmatrix} B & AB \end{bmatrix} = \begin{bmatrix} 0 & 1 \\ 1 & 0 \end{bmatrix}$,$\mathrm{Rank}(C_{\mathrm{o}}) = 2$,所以系统能控。

> 需要说明的是,系统能控只可以保证系统从初始状态 $z(t_0)$ 转移到终端状态 $z(t_1)$,但不能保证其移动轨迹。例如在图 10.2.2 所示的相平面图中,横轴为 $z_1(t)$,即小车的位移,纵轴为 $z_2(t)$,即小车的速度。假设在初始状态 $z(t_0)$ 时,位移 $z_1(t_0) > 0$ 且速度 $z_2(t_0) > 0$。这说明此时小车在原点的右边并且向右行驶。如果终端状态在 $z(t_1)$,即位移 $z_1(t_1) < 0$ 且速度 $z_2(t_1) > 0$,这说明它在原点的左边且向右行驶。在外力(输入 $u(t)$)的作用下,从初始状态 $z(t_0)$ 到 $z(t_1)$ 的移动是无法通过图中的轨迹 1 实现的。相反,它首先要经历一个先向右减速再加速向左的过程,这样才可以向左移动。之后,它需要向左减速,最后向右加速,才可以保证达到终端状态,即图中轨迹 2 所示。

例 10.2.3 判断图 10.2.1(b)的两辆小车相连系统的能控性。其中,小车质量为 $m_1 = m_2 = 1\mathrm{kg}$,弹簧的弹性系数为 $k = 100\mathrm{N/m}$,输入 $u(t) = F(t)$,状态变量 $z(t) = [z_1(t),$ $z_2(t), z_3(t), z_4(t)]^{\mathrm{T}} = \left[x_1(t), \dfrac{\mathrm{d}x_1(t)}{\mathrm{d}t}, x_2(t), \dfrac{\mathrm{d}x_2(t)}{\mathrm{d}t} \right]^{\mathrm{T}}$。

解:首先分析两个小车的受力情况,如图 10.2.3 所示。

根据牛顿第二定律,可得

$$m_1 \frac{\mathrm{d}^2 x_1(t)}{\mathrm{d}t^2} = F(t) - k(x_1(t) - x_2(t)) \tag{10.2.4a}$$

$$m_2 \frac{\mathrm{d}^2 x_2(t)}{\mathrm{d}t^2} = k(x_1(t) - x_2(t)) \tag{10.2.4b}$$

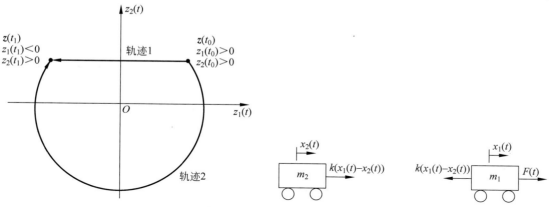

图 10.2.2　能控性轨迹说明　　　　图 10.2.3　两辆小车的受力分析图

将 $m_1 = m_2 = 1\mathrm{kg}, k = 100\mathrm{N/m}$,以及状态变量和系统输入代入其中,可得

$$\frac{\mathrm{d}z(t)}{\mathrm{d}t} = Az(t) + Bu(t) \tag{10.2.5}$$

其中,$A = \begin{bmatrix} 0 & 1 & 0 & 0 \\ -100 & 0 & 100 & 0 \\ 0 & 0 & 0 & 1 \\ 100 & 0 & -100 & 0 \end{bmatrix}, B = \begin{bmatrix} 0 \\ 1 \\ 0 \\ 0 \end{bmatrix}$。这是一个四维系统,$n = 4$。它的能控矩阵为:

$$C_o = \begin{bmatrix} B & AB & A^2B & A^3B \end{bmatrix} = \begin{bmatrix} 0 & 1 & 0 & -100 \\ 1 & 0 & -100 & 0 \\ 0 & 0 & 0 & 100 \\ 0 & 0 & 100 & 0 \end{bmatrix}, \mathrm{Rank}(C_o) = 4 \tag{10.2.6}$$

　　所以系统能控。说明在一辆小车上面作用的力可以通过弹簧传递到另一辆小车上,选择合适的输入,可以令这两辆小车同时达到目标位置与速度。有两点需要说明:第一,能控性是指理论上能控,但具体到实际问题中,要考虑系统的物理限制。例如在本例中,弹簧超过一定长度之后就会发生不可逆的形变。第二,能控性表明系统的状态可以被控制到任意的终端状态,但是不代表系统可以稳定在任意的终端状态,10.3.2 节会有详细的说明。
　　线性状态反馈控制器—可控性内容请扫描此二维码观看。

10.3　线性状态反馈控制器

　　在掌握系统能控性之后,本节将讨论**线性状态反馈控制器**(Linear State-Feedback Control Design)。

10.3.1　极点配置

　　回到本章开始的指尖平衡的例子,本节将设计控制器稳定其位置,并以此为例讲解控制

器的设计流程,此例子的状态空间方程在 10.1.3 节中已经得到,即

$$\frac{\mathrm{d}z(t)}{\mathrm{d}t}=Az(t)+Bu(t), \quad 其中,A=\begin{bmatrix}0 & 1 \\ \dfrac{g}{d} & 0\end{bmatrix}, B=\begin{bmatrix}0 \\ 1\end{bmatrix} \tag{10.3.1a}$$

$$y(t)=C\begin{bmatrix}z_1(t) \\ z_2(t)\end{bmatrix}+Du(t), \quad 其中,C=\begin{bmatrix}1 & 0\end{bmatrix}, D=\begin{bmatrix}0\end{bmatrix} \tag{10.3.1b}$$

首先分析无输入的系统,即 $u(t)=0$ 的情况。此时 $\dfrac{\mathrm{d}z(t)}{\mathrm{d}t}=Az(t)$,求它的平衡点,令 $\dfrac{\mathrm{d}z(t)}{\mathrm{d}t}=0$,可得

$$\begin{cases}0=z_{2f} \\ 0=\dfrac{g}{d}z_{1f}\end{cases} \Rightarrow \begin{cases}z_{1f}=0 \\ z_{2f}=0\end{cases} \tag{10.3.2}$$

根据 3.3 节所介绍的相平面和相轨迹的分析方法,可以根据状态矩阵 A 的特征值判断平衡点的类型。求矩阵 A 的特征值,令 $|A-\lambda I|=0$,得到

$$\begin{vmatrix}-\lambda & 1 \\ \dfrac{g}{d} & -\lambda\end{vmatrix}=0 \tag{10.3.3}$$

即

$$\lambda^2-\frac{g}{d}=0 \tag{10.3.4}$$

计算出矩阵 A 的两个特征值为

$$\begin{cases}\lambda_1=-\sqrt{\dfrac{g}{d}}<0 \\ \lambda_2=\sqrt{\dfrac{g}{d}}>0\end{cases} \tag{10.3.5}$$

式(10.3.5)说明状态矩阵的特征值一正一负,根据表 3.3.1 可以判断系统的平衡点 $z_f(t)=[0,0]^T$ 是一个鞍点,$\dfrac{g}{d}$ 的值仅仅会改变相轨迹的形状,但不会影响平衡点的性质。它的相轨迹如图 10.3.1 所示(图中选取 $\dfrac{g}{d}=10$)。这意味着系统的状态变量一旦偏离平衡点,在没有外力输入的情况下,将无法回到平衡点,所以这是一个不稳定的系统。这个结果并不意外,本例中的倒立摆在没有外力介入的情况下,当连杆小球偏离直立位置后,当然无法回来。若要改变平衡点的性质,则需要设计合适的输入 $u(t)$,在设计之前,首先要判断系统的能控性,根据式(10.2.3),$C_o=\begin{bmatrix}B & AB\end{bmatrix}=\begin{bmatrix}0 & 1 \\ 1 & 0\end{bmatrix}$,$\mathrm{Rank}(C_o)=2$,所以系统能控。

思考:仅仅通过位置输出的比例反馈 $u(t)=-ky(t)$ 是否可以稳定系统?

将 $u(t)=-ky(t)$ 代入式(10.3.1a),可得

$$\frac{\mathrm{d}z(t)}{\mathrm{d}t}=\begin{bmatrix}0 & 1 \\ \dfrac{g}{d} & 0\end{bmatrix}z(t)+B(-ky(t))=\begin{bmatrix}0 & 1 \\ \dfrac{g}{d} & 0\end{bmatrix}z(t)+\begin{bmatrix}0 \\ 1\end{bmatrix}(-k)\begin{bmatrix}1 & 0\end{bmatrix}z(t)$$

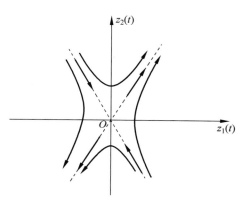

图 10.3.1 无输入系统 $u(t)=0$ 的相轨迹

$$= \begin{bmatrix} 0 & 1 \\ \dfrac{g}{d} & 0 \end{bmatrix} z(t) + \begin{bmatrix} 0 & 0 \\ -k & 0 \end{bmatrix} z(t) = \begin{bmatrix} 0 & 1 \\ \dfrac{g}{d}-k & 0 \end{bmatrix} z(t) \qquad (10.3.6)$$

其中,矩阵 $\begin{bmatrix} 0 & 1 \\ \dfrac{g}{d}-k & 0 \end{bmatrix}$ 的两个特征值分别为 $\pm\sqrt{\dfrac{g}{d}-k}$。当 $\dfrac{g}{d}>k$ 时,特征值依然是一正一

负;而当 $\dfrac{g}{d}<k$ 时,特征值为两个共轭纯虚数。这说明仅仅通过输出 $y(t)$ 的比例反馈是无法使系统稳定的。

> 此结论与图 10.1.2(a)、(b)通过根轨迹的方法得出的结论一致,即随着 k 的增加,闭环传递函数的极点从一正一负移动到虚轴上两个共轭的位置。请读者体会这两种方法的相似之处。

上述分析说明只依靠输出的比例反馈控制不能满足设计要求,所以需要考虑设计全状态反馈控制器,可以令

$$u(t)=-Kz(t), \qquad 其中, K=\begin{bmatrix} k_1 & k_2 \end{bmatrix} \qquad (10.3.7)$$

此时的输入 $u(t)$ 与所有状态变量 $z(t)$ 有关。将式(10.3.7)代入式(10.3.1a),可得

$$\frac{\mathrm{d}z(t)}{\mathrm{d}t}=Az(t)-BKz(t)=(A-BK)z(t)=A_{cl}z(t) \qquad (10.3.8a)$$

其中, $A_{cl}=A-BK$,代表闭环控制系统的状态矩阵。称其为闭环控制系统是因为它将状态反馈集成到系统之中。在本例中

$$A_{cl}=A-BK=\begin{bmatrix} 0 & 1 \\ \dfrac{g}{d} & 0 \end{bmatrix} - \begin{bmatrix} 0 \\ 1 \end{bmatrix}\begin{bmatrix} k_1 & k_2 \end{bmatrix} = \begin{bmatrix} 0 & 1 \\ \dfrac{g}{d}-k_1 & -k_2 \end{bmatrix} \qquad (10.3.8b)$$

令 $|A_{cl}-\lambda I|=0$,可以求其特征值,得到

$$\begin{vmatrix} -\lambda & 1 \\ \dfrac{g}{d}-k_1 & -k_2-\lambda \end{vmatrix}=0 \qquad (10.3.9a)$$

即

$$(-\lambda)(-k_2-\lambda)-\left(\frac{g}{d}-k_1\right)\times(1)=0$$

$$\Rightarrow \lambda^2+k_2\lambda-\left(\frac{g}{d}-k_1\right)=0 \tag{10.3.9b}$$

如果希望闭环状态矩阵的两个特征值为 $\lambda_{1,2}=-1<0$(此时平衡点将变成稳定节点),其对应的特征方程为

$$(\lambda+1)(\lambda+1)=0$$

$$\Rightarrow \lambda^2+2\lambda+1=0 \tag{10.3.10}$$

对比式(10.3.9b)和式(10.3.10),可得

$$\begin{cases} -\left(\dfrac{g}{d}-k_1\right)=1 \\ k_2=2 \end{cases}$$

$$\Rightarrow \begin{cases} k_1=1+\dfrac{g}{d} \\ k_2=2 \end{cases} \tag{10.3.11}$$

代入式(10.3.7),系统的输入为

$$u(t)=-\boldsymbol{K}\boldsymbol{z}(t)=\begin{bmatrix} -k_1 & -k_2 \end{bmatrix}\boldsymbol{z}(t)=\begin{bmatrix} -1-\dfrac{g}{d} & -2 \end{bmatrix}\boldsymbol{z}(t) \tag{10.3.12}$$

将式(10.3.12)代入式(10.3.1),可得

$$\frac{\mathrm{d}\boldsymbol{z}(t)}{\mathrm{d}t}=\boldsymbol{A}_{\mathrm{cl}}\boldsymbol{z}(t)=\begin{bmatrix} 0 & 1 \\ -1 & -2 \end{bmatrix}\boldsymbol{z}(t) \tag{10.3.13}$$

其反馈控制系统所对应的相轨迹如图 10.3.2 所示。在使用线性反馈控制 $u(t)=-\boldsymbol{K}\boldsymbol{z}(t)$ 之后,原动态系统不稳定的平衡点变成了稳定的节点。

> 从本质上来说,这依然是比例控制,但相较于传统方法(只反馈位移信息),所有的状态信息(包括位移和速度)都被用作反馈,因此有两个比例增益 k_1 和 k_2。第 3 章中曾经介绍过状态矩阵的特征值对应于传递函数的极点。所以这种设计思路也被称为**极点配置(Pole Placement)**。

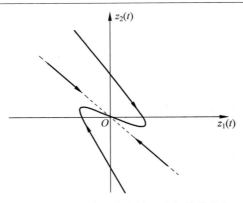

图 10.3.2 线性状态反馈系统相轨迹分析

若将此案例推广到一般形式的状态空间方程中,其设计框图如图 10.3.3 所示,对比图 10.1.3,可以发现它使用了全状态的反馈信息。设计核心是通过设计矩阵 $\boldsymbol{K}$ 使得闭环状态矩阵的特征值的实部部分都为负数。

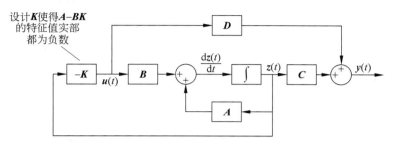

图 10.3.3　线性状态反馈控制器设计框图

在本例中,式(10.3.10)中的特征值 $\lambda_{1,2}=-1$ 是随意选的,只是选择了两个负数来保证系统的稳定性。在实际应用中,是否可以通过某种方式指导设计这个值的选择将是 10.3.2 节讨论的重点。

线性状态反馈控制器—极点配置内容请扫描此二维码观看。

10.3.2　最优化控制初探——LQR 控制器

在设计反馈控制 $\boldsymbol{K}$ 的时候,如何选择闭环状态矩阵的特征值涉及最优化控制,从这点入手可以发展出一整个单独的学科和研究领域。本节将稍作试探,为读者介绍一个基础的最优化控制器——**LQR 控制器**。LQR 的全称为 **Linear Quadratic Regulator**,字面意义就是线性二次型调节器。

在式(10.3.7)和式(10.3.8)中,当使用线性状态反馈控制时,令 $\boldsymbol{u}(t)=-\boldsymbol{K}\boldsymbol{z}(t)$,可以得到闭环控制系统的状态空间方程,即

$$\frac{\mathrm{d}\boldsymbol{z}(t)}{\mathrm{d}t}=(\boldsymbol{A}-\boldsymbol{B}\boldsymbol{K})\boldsymbol{z}(t)=\boldsymbol{A}_{\mathrm{cl}}\boldsymbol{z}(t) \tag{10.3.14}$$

此时通过设计不同的 $\boldsymbol{K}$ 值可以改变闭环状态矩阵 $\boldsymbol{A}_{\mathrm{cl}}$ 的特征值。在 10.3.1 节中选取了 $\lambda_{1,2}=-1$,这样做可以保证系统的稳定性。同时,$\boldsymbol{A}_{\mathrm{cl}}$ 特征值的不同将决定不同状态的收敛速度及输入的大小。为了更好地选择特征值,引入**代价函数(Cost Function)**

$$J=\int_0^\infty \boldsymbol{z}^{\mathrm{T}}(t)\boldsymbol{Q}\boldsymbol{z}(t)+\boldsymbol{u}^{\mathrm{T}}(t)\boldsymbol{R}\boldsymbol{u}(t)\mathrm{d}t \tag{10.3.15}$$

控制器设计的目标是选择合适的 $\boldsymbol{K}$,从而得到 $J_{\min}$(代价函数 J 的最小值)。式(10.3.15)中,矩阵 $\boldsymbol{Q}$ 和矩阵 $\boldsymbol{R}$ 分别是状态变量和控制量(即动态系统的输入)的权重矩阵,都是正定的对称矩阵。一般情况下,$\boldsymbol{Q}$ 和 $\boldsymbol{R}$ 会选择为对角矩阵,且对角线上的元素都大于 0,即

$$\boldsymbol{Q}_{n\times n}=\begin{bmatrix} q_1 & & \cdots & & 0 \\ & q_2 & \cdots & & 0 \\ \vdots & \vdots & \ddots & \vdots & \vdots \\ & 0 & \cdots & q_{n-1} & \\ 0 & & \cdots & & q_n \end{bmatrix}, \quad \boldsymbol{R}_{p\times p}=\begin{bmatrix} r_1 & & \cdots & & 0 \\ & r_2 & \cdots & & 0 \\ \vdots & \vdots & \ddots & \vdots & \vdots \\ & 0 & \cdots & r_{p-1} & \\ 0 & & \cdots & & r_p \end{bmatrix} \tag{10.3.16}$$

其中,n 代表状态变量 $z(t)$ 的维度,p 代表输入 $u(t)$ 的维度。通过设计不同的对角元素的值可以得到不同的代价函数。考虑一个例子:

$$\frac{\mathrm{d}z(t)}{\mathrm{d}t} = Az(t) + Bu(t), \quad 其中, A = \begin{bmatrix} 0 & -3 \\ -1 & 2 \end{bmatrix}, B = \begin{bmatrix} 0 \\ 1 \end{bmatrix} \quad (10.3.17)$$

它是一个二状态单输入系统,$n=2$,$p=1$,所以 $Q = \begin{bmatrix} q_1 & 0 \\ 0 & q_2 \end{bmatrix}$,$R = r$。代入式(10.3.15)可得

$$J = \int_0^\infty \begin{bmatrix} z_1(t) & z_2(t) \end{bmatrix} \begin{bmatrix} q_1 & 0 \\ 0 & q_2 \end{bmatrix} \begin{bmatrix} z_1(t) \\ z_2(t) \end{bmatrix} + u(t)ru(t)\mathrm{d}t$$

$$= \int_0^\infty q_1 z_1^2(t) + q_2 z_2^2(t) + ru^2(t)\mathrm{d}t \quad (10.3.18)$$

观察式(10.3.18)可以发现不同的权重系数 q_1,q_2,r 对代价函数的影响。例如当 q_1 远大于 q_2 和 r 时,在求代价函数最小值的时候就会更关注 $z_1(t)$ 的变化,会让它在最短时间内趋于 0。反之,如果 r 比较大,在求解的过程中就会更加关注 $u(t)$ 的值。关于如何求解 LQR 控制器不在本书的讨论范围内,这属于最优化控制的内容。现在很多软件都包含 LQR 的功能包,可以直接计算出结果。

以指尖平衡系统为例分析不同权重矩阵对系统的影响,表 10.3.1 为测试方案,选择三组不同的权重矩阵,分别强调 $z_1(t)$,$z_2(t)$ 和 $u(t)$。系统的初始状态为 $z(0) = \begin{bmatrix} \frac{\pi}{20}, 0 \end{bmatrix}^{\mathrm{T}}$,它意味着在时间 $t=0$ 时刻,连杆与垂直方向的夹角为 $\frac{\pi}{20}$,速度为 0。控制的目标是将它移动回到平衡位置。在测试中选择参数 $\frac{g}{d} = 10$。表 10.3.1 中的第四列显示了当 LQR 控制器输入不同的权重矩阵后所计算出的矩阵 K(即满足给定权重矩阵情况下满足代价函数最小的 K)。

表 10.3.1 不同权重矩阵测试

测试组	权重矩阵		LQR 控制器计算出的矩阵 K	初始状态 $z(0)$
	Q	R		
组 1	$\begin{bmatrix} 100 & 0 \\ 0 & 1 \end{bmatrix}$	$[1]$	$\begin{bmatrix} 24.1421 & 7.0203 \end{bmatrix}$	
组 2	$\begin{bmatrix} 1 & 0 \\ 0 & 100 \end{bmatrix}$	$[1]$	$\begin{bmatrix} 20.0499 & 11.8364 \end{bmatrix}$	$\begin{bmatrix} \frac{\pi}{20}, 0 \end{bmatrix}^{\mathrm{T}}$
组 3	$\begin{bmatrix} 1 & 0 \\ 0 & 1 \end{bmatrix}$	$[100]$	$\begin{bmatrix} 20.0005 & 6.3254 \end{bmatrix}$	

测试结果如图 10.3.4 所示。它显示了系统状态变量 $z_1(t)$,$z_2(t)$ 以及控制量(动态系统的输入)$u(t)$ 随时间的变化,可以发现在这三组测试中,三组控制系统都成功地将系统稳定到了平衡点 $[0,0]^{\mathrm{T}}$。其中,组 1 的状态变量 $z_1(t)$ 的收敛速度是最快的,如图 10.3.3a 所示,这是因为在它的权重矩阵 Q 中 $z_1(t)$ 所对应的权重系数是 100,远大于另一个状态变量 $z_2(t)$ 和输入 $u(t)$ 的权重系数 1。其所对应的代价方程为 $J = \int_0^\infty 100z_1^2(t) + z_2^2(t) +$

$u^2(t)\mathrm{d}t$，$z_1(t)$ 在其中占比是最大的。 所以当求 $J_{\min}$ 的时候，会考虑如何让 $z_1(t)$ 迅速地接近 0。读者可以根据表 10.3.1 思考分析其他两组结果。请注意在图 10.3.3(c)中，虽然组 3 的输入 $u(t)$ 收敛速度慢于组 1，但是它的起始位置要远低于组 1，所以积分后的结果 $\displaystyle\int_0^\infty ru^2(t)\mathrm{d}t$ 低于组 1。

(a) 状态变量$z_1(t)$随时间的变化　　(b) 状态变量$z_2(t)$随时间的变化　　(c) 控制量(系统输入)$u(t)$随时间的变化

图 10.3.4　不同权重矩阵对系统的影响

最优化是当前最热门的领域之一，有很多新的算法被引入进来。但无论是机器学习、神经网络，还是其他的智能算法，其本质都是建立代价函数，设定不同的权重系数并求其极值(极大值或者极小值)。在控制领域中，"最优"并不像体育比赛一样会有明确的标准，例如短跑，谁跑得快谁就是最优的。控制系统中的最优是综合分析的结果，例如在这个例子中，可以说组 1 是最优的，因为它迅速地将连杆恢复到了平衡的位置。也可以说组 3 是最优的，因为它的总输入最小，意味着它的能耗最小。从性能的角度看，组 1 是最好的。从节能的角度看，组 3 则是最佳。作为最优化算法工程师，根据不同的应用场景去**权衡**(**Tradeoff**)权重系数，是非常重要的工作。

在本节的最后，请读者思考一个问题，上述控制器的设计始终是围绕在平衡点 $z_f=[0,0]^{\mathrm{T}}$ 进行分析的。但是如果在实际情况中，设计的目标是将系统的状态稳定在一个非零的目标值 $z_d=[z_{1d},z_{2d}]^{\mathrm{T}}$，(例如本章引子部分提出的令连杆小球追随一定的轨迹运动)又应该如何去设计控制器呢？

线性状态反馈控制器—LQR 内容请扫描此二维码观看。

10.3.3　轨迹追踪

本节将解释 10.3.2 节末尾提出的问题，设计 $u(t)$ 使得系统的状态稳定在一个非零的目标值 z_d。此时要求控制量 $u(t)$(即动态系统的输入)承担两个功能：

第一，改变系统的平衡点位置到 z_d。

第二，令 z_d 成为一个稳定的平衡点。

首先引入误差，令

$$e(t)=z_d-z(t)=\begin{bmatrix}z_{1d}-z_1(t)\\z_{2d}-z_2(t)\end{bmatrix}=\begin{bmatrix}e_1(t)\\e_2(t)\end{bmatrix} \tag{10.3.19}$$

此时的设计目标就变成了：① 令 $e(t)$ 的平衡点为 $e_f=[0,0]$；② $e_f=[0,0]$ 是稳定的平衡点。

假设目标值 z_{1d} 和 z_{2d} 都是常数(或者变化缓慢),因此 $\dfrac{\mathrm{d}z_{1d}}{\mathrm{d}t}=\dfrac{\mathrm{d}z_{2d}}{\mathrm{d}t}=0$。可得

$$\frac{\mathrm{d}\boldsymbol{e}(t)}{\mathrm{d}t}=\frac{\mathrm{d}\boldsymbol{z}_d}{\mathrm{d}t}-\frac{\mathrm{d}\boldsymbol{z}(t)}{\mathrm{d}t}=-\frac{\mathrm{d}\boldsymbol{z}(t)}{\mathrm{d}t}=-\boldsymbol{A}\boldsymbol{z}(t)-\boldsymbol{B}\boldsymbol{u}(t) \tag{10.3.20}$$

将式(10.3.19)和 $\boldsymbol{A}=\begin{bmatrix}0 & 1\\ \dfrac{g}{d} & 0\end{bmatrix}$,$\boldsymbol{B}=\begin{bmatrix}0\\ 1\end{bmatrix}$ 代入(10.3.20),得到

$$\frac{\mathrm{d}\boldsymbol{e}(t)}{\mathrm{d}t}=-\boldsymbol{A}(\boldsymbol{z}_d-\boldsymbol{e}(t))-\boldsymbol{B}\boldsymbol{u}(t)=\boldsymbol{A}\boldsymbol{e}(t)-\boldsymbol{A}\boldsymbol{z}_d-\boldsymbol{B}\boldsymbol{u}(t)$$

$$\Rightarrow \frac{\mathrm{d}\boldsymbol{e}(t)}{\mathrm{d}t}=\begin{bmatrix}0 & 1\\ \dfrac{g}{d} & 0\end{bmatrix}\begin{bmatrix}e_1(t)\\ e_2(t)\end{bmatrix}-\begin{bmatrix}0 & 1\\ \dfrac{g}{d} & 0\end{bmatrix}\begin{bmatrix}z_{1d}\\ z_{2d}\end{bmatrix}-\begin{bmatrix}0\\ 1\end{bmatrix}u(t) \tag{10.3.21}$$

展开得到

$$\frac{\mathrm{d}e_1(t)}{\mathrm{d}t}=e_2(t)-z_{2d} \tag{10.3.22a}$$

$$\frac{\mathrm{d}e_2(t)}{\mathrm{d}t}=\frac{g}{d}e_1(t)-\frac{g}{d}z_{1d}-u(t) \tag{10.3.22b}$$

观察式(10.3.22)可以发现,本例中 $e_2(t)$ 的平衡点是无法通过输入改变的,因为无论 $u(t)$ 如何选择,都无法作用在式(10.3.22a)上,当式(10.3.22a)中的 $\dfrac{\mathrm{d}e_1(t)}{\mathrm{d}t}=0$ 时,平衡点 $e_{2f}\equiv z_{2d}$,这说明只有在 $z_{2d}=0$ 时,误差的平衡点 $e_{2f}=0$,意味着状态变量 $z_2(t)$ 的唯一平衡点为 0。

> 这是由系统本身的物理限制决定的,虽然原系统是能控的,状态变量 $z_2(t)$ 可以达到任意值,但并不意味着它可以被稳定在任意值。本例中的 $z_2(t)$ 代表了角速度,如果它不为 0,连杆小球就一定还在运动过程当中,自然无法稳定。

但是 $z_1(t)$ 不一样,它的平衡点的位置是可以通过输入 $u(t)$ 改变的。令 $\boldsymbol{u}(t)=\boldsymbol{F}\boldsymbol{z}_d+\boldsymbol{K}_e\boldsymbol{e}(t)$,其中 $\boldsymbol{F}\boldsymbol{z}_d$ 部分称为**前馈(Feedforward)**,用来将平衡点 z_{1f} 移动到 z_{1d}。$\boldsymbol{K}_e\boldsymbol{e}(t)$ 项用来配置极点,使得系统稳定,其中 $\boldsymbol{K}_e=[k_{e1},k_{e2}]$。

根据上述分析,平衡点位置为 $[z_{1d},0]^{\mathrm{T}}$。令

$$\boldsymbol{u}(t)=\boldsymbol{F}\boldsymbol{z}_d+\boldsymbol{K}_e\boldsymbol{e}(t)=\begin{bmatrix}-\dfrac{g}{d} & 0\end{bmatrix}\begin{bmatrix}z_{1d}\\ 0\end{bmatrix}+\boldsymbol{K}_e\boldsymbol{e}(t) \tag{10.3.23}$$

将其代入式(10.3.21),得到

$$\frac{\mathrm{d}\boldsymbol{e}(t)}{\mathrm{d}t}=\begin{bmatrix}0 & 1\\ \dfrac{g}{d} & 0\end{bmatrix}\begin{bmatrix}e_1(t)\\ e_2(t)\end{bmatrix}-\begin{bmatrix}0 & 1\\ \dfrac{g}{d} & 0\end{bmatrix}\begin{bmatrix}z_{1d}\\ 0\end{bmatrix}-$$

$$\begin{bmatrix}0\\ 1\end{bmatrix}\left(\begin{bmatrix}-\dfrac{g}{d} & 0\end{bmatrix}\begin{bmatrix}z_{1d}\\ 0\end{bmatrix}+\begin{bmatrix}k_{e1} & k_{e2}\end{bmatrix}\begin{bmatrix}e_1(t)\\ e_2(t)\end{bmatrix}\right)$$

$$= \begin{bmatrix} 0 & 1 \\ \dfrac{g}{d} & 0 \end{bmatrix} \begin{bmatrix} e_1(t) \\ e_2(t) \end{bmatrix} - \begin{bmatrix} 0 & 0 \\ k_{e1} & k_{e2} \end{bmatrix} \begin{bmatrix} e_1(t) \\ e_2(t) \end{bmatrix}$$

$$= \begin{bmatrix} 0 & 1 \\ \dfrac{g}{d} - k_{e1} & -k_{e2} \end{bmatrix} \begin{bmatrix} e_1(t) \\ e_2(t) \end{bmatrix} \tag{10.3.24}$$

此时,误差状态变量的平衡点为 $\boldsymbol{e}_f = [0,0]^T$。

接下来的工作就是设计 $\boldsymbol{K}_e$,使得闭环状态矩阵 $\begin{bmatrix} 0 & 1 \\ \dfrac{g}{d} - k_{e1} & -k_{e2} \end{bmatrix}$ 的特征值实部都小于 0 就可以了。当然也可以使用 LQR 的方法来确定 $\boldsymbol{K}_e$,此处不再赘述。图 10.3.5 显示了使用此控制器的测试结果并与 PID 控制器进行了比较。其中,选择 $\boldsymbol{K}_e = [25,7]$。目标 $\boldsymbol{z}_d$ 如图 10.1.1(b) 所示。对比组 PID 选择 $K_P = 50, K_I = 8, K_D = 10$。参数 $\dfrac{g}{d} = 10$。可以看出,PID 控制会有超调量且收敛速度较慢,具体的原因请参考 10.1.2 节的分析。

最后需要说明的是,在本例的分析中实际上做了一些简化,在本章开始建立动态方程的时候是将系统在垂直位置附近线性化的,而当平衡点改变之后,系统的线性化模型也应该随之改变,但在本例中因为它们始终偏离平衡点不远,所以这些变化忽略不计。(关于平衡点对线性化模型的影响请参考附录 A。)

图 10.3.5　带有前馈的线性状态反馈控制器与 PID 控制器的对比

将此案例推广到一般形式的状态空间方程中,可以得到其设计框图如图 10.3.6 所示。

对比图 10.3.6 和图 10.1.2(c),可以看出 PID 控制只使用输出的误差信号 $e(t)$ 来设计控制器。而线性状态反馈控制器的设计则需要用到所有的状态变量 $\boldsymbol{z}(t)$。正是因为更多的系统信息被用来设计控制器,所以状态反馈控制器的灵活度更大,有更多可调节的参数,也就更有可能达到满意的表现。

此时我们思考另一个问题,如果系统中的某些状态变量无法测量,例如在上述的例子中,没有办法实时得到连杆的角速度 $z_2(t)$,那么状态反馈控制器也就无法使用了。若要解决这个问题,需要用到观测器来实时估计系统的状态变量值。

图 10.3.6　带有前馈的线性状态反馈控制器设计

线性状态反馈控制器—轨迹追踪内容请扫描此二维码观看。

10.4　观测器设计

本节将介绍线性观测器设计,正如 10.3 节末尾所提出的,如果系统的某些状态变量不可测,如何通过可测量的输出值估计状态值是很值得研究的问题。在很多情况下,传感器无法安装在我们需要测量的地方。例如,电动汽车电池内芯的温度就只能通过其表面温度估计。再如在隧道中运行的车辆,其速度很难直接测量,但可以根据其他信息估计。与控制器设计类似,在设计观测器之前,首先要明确状态是否可以通过输出观测到。

10.4.1　系统的能观测性

对于一个线性时不变系统:

$$\frac{\mathrm{d}z(t)}{\mathrm{d}t} = Az(t) + Bu(t) \tag{10.4.1a}$$

$$y(t) = Cz(t) + Du(t) \tag{10.4.1b}$$

状态能观测性的定义:在任意给定的输入 $u(t)$ 下,根据有限的时间区间 $[t_0, t_1]$(其中 t_1 有限)的输入 $u(t)$ 和输出值 $y(t)$,可以唯一确定在初始时间 t_0 下的初始状态 $z(t_0)$,则称系统在 t_0 时刻是能观测的,如果在任意初始时间 t_0 下的初始状态 $z(t_0)$ 都能观测,就称系统的状态是能观测的。

状态能观测性判据:对于 n 维线性时不变系统而言,它的状态能观测的充分必要条件是能观测矩阵

$$O = \begin{bmatrix} C & CA & CA^2 & \cdots & CA^{n-1} \end{bmatrix}^{\mathrm{T}} \tag{10.4.2}$$

的秩为 n,即 $\mathrm{Rank}(O) = n$。

10.4.2　线性观测器设计

针对一个可观测的系统,可以设计一个线性观测器,通过系统的输出来观测(估计)状态变量。首先来看一个最直接、最简单的状态观测器,即

$$\frac{\mathrm{d}\hat{z}(t)}{\mathrm{d}t} = A\hat{z}(t) + Bu(t) \tag{10.4.3}$$

其中,$\hat{z}(t)$ 代表估计值。这一观测器的核心理念是"**猜**"。式(10.4.3)中的观测器的状态空间方程和式(10.4.1a)中的动态系统一模一样。这意味着,如果运气足够好,在 $t = 0$ 时刻

"猜"的状态变量的值是准确的,即 $\hat{z}(0) = z(0)$,那么在未来通过式(10.4.3)所计算得到的估计值 $\hat{z}(t)$ 会和实际值 $z(t)$ 保持一致,即 $\hat{z}(t) = z(t)$。但是,如果在初始时刻猜得不准确 $\hat{z}(0) \neq z(0)$,未来估计的结果就将大相径庭,更为严重的是,如果使用一个不准确的估计值来指导设计控制器,就有可能带来危害性的后果。因此,为改善式(10.4.3),可以为其加上一个和输出有关的反馈,令

$$\frac{\mathrm{d}\hat{z}(t)}{\mathrm{d}t} = A\hat{z}(t) + Bu(t) + L(y(t) - \hat{y}(t)) \tag{10.4.4a}$$

$$\hat{y}(t) = C\hat{z}(t) + Du(t) \tag{10.4.4b}$$

其中,$\hat{y}(t)$ 是根据估计值 $\hat{z}(t)$ 计算出的估计输出。因为输出 $y(t)$ 是可测的,所以可以利用它与估计输出 $\hat{y}(t)$ 之间的差(输出误差)反馈到观测器式(10.4.4a)中,这样就形成了一个闭环的观测器。式(10.4.4)被称为**龙伯格观测器(Luenberger Observer)**。设计目标则是通过设计观测矩阵 L,使得 $\hat{z}(t)$ 随时间的增加趋近于 $z(t)$。首先将式(10.4.4b)代入式(10.4.4a),得到

$$\frac{\mathrm{d}\hat{z}(t)}{\mathrm{d}t} = A\hat{z}(t) + Bu(t) + L(y(t) - C\hat{z}(t) - Du(t))$$

$$= (A - LC)\hat{z}(t) + (B - LD)u(t) + Ly(t) \tag{10.4.5}$$

式(10.4.5)通过输入 $u(t)$ 和输出 $y(t)$ 表示估计值 $\hat{z}(t)$,这两个值都是可知的。除此之外,式中不存在未知的变量,所以式(10.4.5)是线性观测器最终的表达式。

用式(10.4.1a)减去式(10.4.5),得到

$$\frac{\mathrm{d}(z(t) - \hat{z}(t))}{\mathrm{d}t} = Az(t) + Bu(t) - (A - LC)\hat{z}(t) - (B - LD)u(t) - Ly(t) \tag{10.4.6}$$

将式(10.4.1b)代入式(10.4.6),得到

$$\frac{\mathrm{d}(z(t) - \hat{z}(t))}{\mathrm{d}t} = Az(t) + Bu(t) - (A - LC)\hat{z}(t) - (B - LD)u(t) - L(Cz(t) + Du(t))$$

$$= (A - LC)(z(t) - \hat{z}(t)) \tag{10.4.7}$$

令 $\tilde{z}(t) = z(t) - \hat{z}(t)$,代表观测误差,代入式(10.4.7)可得

$$\frac{\mathrm{d}\tilde{z}(t)}{\mathrm{d}t} = (A - LC)\tilde{z}(t) \tag{10.4.8}$$

式(10.4.8)说明观测误差 $\tilde{z}(t)$ 的平衡点是 $[0]$。根据前面的分析,当矩阵 $(A - LC)$ 的特征值实部都为负数时,其平衡点是稳定的。这意味着随着时间的增加,$\tilde{z}(t) \to 0$,即 $\hat{z}(t) \to z(t)$。因此,当前设计的目标就是找到合适的 L,使得 $(A - LC)$ 的特征值实部都为负数。观测器设计的框图如图10.4.1所示,其中被虚线圈起来的部分就是观测器,即式(10.4.5)所表示的内容。它相当于在"后台"同步运行另一套动态系统,而这个动态系统可以根据系统的输入 $u(t)$ 和输出 $y(t)$ 估计系统的状态值 $z(t)$。

10.4.3　线性观测器举例

本节将通过一个实例说明观测器的设计与工作原理。如图10.4.2所示的弹簧振动阻尼系统,其中 $m = 1\mathrm{kg}, k = 1\mathrm{N/m}, b = 0.5\mathrm{Ns/m}$。系统输出是位移 $y(t) = x(t)$,输入是外力 $u(t) = f(t)$。

图 10.4.1　线性观测器设计框图

图 10.4.2　弹簧振动阻尼系统

选择系统状态变量,令 $z_1(t) = x(t)$,代表位移,$z_2(t) = \dfrac{\mathrm{d}z_1(t)}{\mathrm{d}t} = \dfrac{\mathrm{d}x(t)}{\mathrm{d}t}$,代表速度。在第 3 章中曾经推导出它的状态空间方程,为

$$\frac{\mathrm{d}}{\mathrm{d}t}\begin{bmatrix} z_1(t) \\ z_2(t) \end{bmatrix} = \begin{bmatrix} 0 & 1 \\ -\dfrac{k}{m} & -\dfrac{b}{m} \end{bmatrix}\begin{bmatrix} z_1(t) \\ z_2(t) \end{bmatrix} + \begin{bmatrix} 0 \\ \dfrac{1}{m} \end{bmatrix} u(t) \tag{10.4.9a}$$

$$y(t) = \begin{bmatrix} 1 & 0 \end{bmatrix}\begin{bmatrix} z_1(t) \\ z_2(t) \end{bmatrix} + \begin{bmatrix} 0 \end{bmatrix}\begin{bmatrix} u(t) \end{bmatrix} \tag{10.4.9b}$$

将 $m = 1\mathrm{kg}, k = 1\mathrm{N/m}, b = 0.5\mathrm{Ns/m}$ 代入式(10.4.9),可得

$$\frac{\mathrm{d}}{\mathrm{d}t}\begin{bmatrix} z_1(t) \\ z_2(t) \end{bmatrix} = \boldsymbol{A}\begin{bmatrix} z_1(t) \\ z_2(t) \end{bmatrix} + \boldsymbol{B}u(t) \tag{10.4.9c}$$

$$y(t) = \boldsymbol{C}\begin{bmatrix} z_1(t) \\ z_2(t) \end{bmatrix} + \boldsymbol{D}u(t) \tag{10.4.9d}$$

其中,$\boldsymbol{A} = \begin{bmatrix} 0 & 1 \\ -1 & -0.5 \end{bmatrix}$,$\boldsymbol{B} = \begin{bmatrix} 0 \\ 1 \end{bmatrix}$,$\boldsymbol{C} = \begin{bmatrix} 1 & 0 \end{bmatrix}$,$\boldsymbol{D} = \begin{bmatrix} 0 \end{bmatrix}$。

假设在此系统中可以使用一个传感器实时测量质量块的位移,即系统的输出 $y(t)$,同时也是状态变量之一 $z_1(t)$。但是无法测量另一个状态变量 $z_2(t)$,即质量块的速度。因此需要使用观测器来估计 $z_2(t)$,令

$$\boldsymbol{L} = \begin{bmatrix} l_1 \\ l_2 \end{bmatrix} \tag{10.4.10}$$

此时

$$\boldsymbol{A} - \boldsymbol{L}\boldsymbol{C} = \begin{bmatrix} 0 & 1 \\ -1 & -0.5 \end{bmatrix} - \begin{bmatrix} l_1 \\ l_2 \end{bmatrix}\begin{bmatrix} 1 & 0 \end{bmatrix} = \begin{bmatrix} -l_1 & 1 \\ -1-l_2 & -0.5 \end{bmatrix} \tag{10.4.11}$$

令 $|\boldsymbol{A} - \lambda\boldsymbol{I}| = 0$,可以求 $(\boldsymbol{A} - \boldsymbol{L}\boldsymbol{C})$ 的特征值,得到

$$\begin{vmatrix} -l_1 - \lambda & 1 \\ -1 - l_2 & -0.5 - \lambda \end{vmatrix} = 0 \tag{10.4.12a}$$

即

$$(-l_1 - \lambda)(-0.5 - \lambda) - (1) \times (-1 - l_2) = 0$$

$$\Rightarrow \lambda^2 + (0.5 + l_1)\lambda + 0.5 l_1 + 1 + l_2 = 0 \tag{10.4.12b}$$

若希望观测器准确估计系统状态变量,则需要令 $(A - LC)$ 的特征值实部为负数。可以令 $\lambda_{1,2} = -1$,其对应的特征方程为

$$(\lambda + 1)(\lambda + 1) = 0$$

$$\Rightarrow \lambda^2 + 2\lambda + 1 = 0 \tag{10.4.13}$$

对比式(10.4.12b)和式(10.4.13),可得

$$\begin{cases} 0.5 + l_1 = 2 \\ 0.5 l_1 + 1 + l_2 = 1 \end{cases}$$

$$\Rightarrow \begin{cases} l_1 = 1.5 \\ l_2 = -0.75 \end{cases} \tag{10.4.14}$$

将式(10.4.14)代入式(10.4.5),可以得到观测器的表达式,即

$$\frac{d\hat{z}(t)}{dt} = (A - LC)\hat{z}(t) + (B - LD)u(t) + Ly(t)$$

$$= \begin{bmatrix} -1.5 & 1 \\ -0.25 & -0.5 \end{bmatrix} \hat{z}(t) + \begin{bmatrix} 0 \\ 1 \end{bmatrix} u(t) + \begin{bmatrix} 1.5 \\ -0.75 \end{bmatrix} y(t) \tag{10.4.15}$$

为验证观测器的效果,设计如下测试:令系统的初始状态 $z(0) = \begin{bmatrix} z_1(0) \\ z_2(0) \end{bmatrix} = \begin{bmatrix} 1 \\ 1 \end{bmatrix}$,它的物理意义是在初始状态时质量块的位置为 $z_1(0) = 1\text{m}$,同时初速度 $z_2(0) = 1\text{m/s}$。同时考虑无输入条件,即 $u(t) = 0$。在此情况下,由于没有外力,质量块最终会停止下来。观测器的初始估计值可以设定为 $\hat{z}(0) = \begin{bmatrix} \hat{z}_1(0) \\ \hat{z}_2(0) \end{bmatrix} = \begin{bmatrix} 0 \\ 0 \end{bmatrix}$。测试结果如图10.4.3所示,其中,图10.4.3(a)表示 $z_1(t)$ 与 $\hat{z}_1(t)$ 的对比,图10.4.3(b)表示 $z_2(t)$ 与 $\hat{z}_2(t)$ 的对比。可见观测器可以准确地估计出实际的状态值。

(a) $z_1(t)$ 与 $\hat{z}_1(t)$ 的对比   (b) $z_2(t)$ 与 $\hat{z}_2(t)$ 的对比

图 10.4.3 估计值与实际值对比

线性观测器内容请扫描此二维码观看。

10.4.4　观测器与控制器的结合

回到本章开始时提出的指尖平衡系统,此时增加一个限制条件,即连杆小球的角速度 $\dfrac{\mathrm{d}\phi(t)}{\mathrm{d}t}$ 不可测量。

沿用式(10.3.1),即

$$\frac{\mathrm{d}z(t)}{\mathrm{d}t}=Az(t)+Bu(t),\quad 其中,A=\begin{bmatrix}0 & 1\\ \dfrac{g}{d} & 0\end{bmatrix},B=\begin{bmatrix}0\\ 1\end{bmatrix} \tag{10.4.16a}$$

$$y(t)=C\begin{bmatrix}z_1(t)\\ z_2(t)\end{bmatrix}+Du(t),\quad 其中,C=\begin{bmatrix}1 & 0\end{bmatrix},D=\begin{bmatrix}0\end{bmatrix} \tag{10.4.16b}$$

控制目标和 10.3.1 节相同,设计控制器使得系统状态从初始值回到平衡点 $z_{\mathrm{f}}(t)=[0,0]^{\mathrm{T}}$,在 10.3.1 节中已经找到了这样的控制器,即 $u(t)=-Kz(t)$。但是,这一次无法直接使用它,因为 $z_2(t)=\dfrac{\mathrm{d}\phi(t)}{\mathrm{d}t}$ 不可测量。

因此,需要设计观测器来估计系统状态,之后再使用估计值 $\hat{z}(t)$ 来设计控制器。根据 10.4.2 节,观测误差 $\bar{z}(t)=z(t)-\hat{z}(t)$ 的动态方程为

$$\frac{\mathrm{d}\bar{z}(t)}{\mathrm{d}t}=(A-LC)\bar{z}(t) \tag{10.4.17}$$

此时,令系统输入

$$u(t)=-K\hat{z}(t) \tag{10.4.18}$$

即使用估计值 $\hat{z}(t)$ 作为反馈信号进行控制器设计。将式(10.4.18)代入式(10.4.16a),得到

$$\frac{\mathrm{d}z(t)}{\mathrm{d}t}=Az(t)-BK\hat{z}(t)=Az(t)-BK(z(t)-\bar{z}(t))$$
$$=(A-BK)z(t)+BK\bar{z}(t) \tag{10.4.19}$$

将式(10.4.17)和式(10.4.19)结合起来得到状态空间方程增广矩阵,即

$$\frac{\mathrm{d}}{\mathrm{d}t}\begin{bmatrix}\bar{z}(t)\\ z(t)\end{bmatrix}=\begin{bmatrix}(A-LC) & 0\\ BK & (A-BK)\end{bmatrix}\begin{bmatrix}\bar{z}(t)\\ z(t)\end{bmatrix} \tag{10.4.20}$$

当矩阵 $\begin{bmatrix}(A-LC) & 0\\ BK & (A-BK)\end{bmatrix}$ 特征值的实部都为负数时,$\begin{bmatrix}\bar{z}(t)\\ z(t)\end{bmatrix}$ 将趋于平衡点 $\begin{bmatrix}0\\ 0\end{bmatrix}$。矩阵 $\begin{bmatrix}(A-LC) & 0\\ BK & (A-BK)\end{bmatrix}$ 是三角矩阵,因此其特征值就是对角线上两个矩阵 $(A-LC)$ 和 $(A-BK)$ 的特征值。这被称为**分离原理(Separation Principle)**。在设计过程中可以分别设计 L 和 K,并将估计值 $\hat{z}(t)$ 用在 $u(t)=-K\hat{z}(t)$ 中。需要特别注意的是,在选取 $(A-LC)$ 和 $(A-BK)$ 的特征值时,观测器的收敛速度应该快于控制器的收敛速度(一般要求快 2~5 倍)。因为只有这样才能保证控制器的设计是基于一个相对准确的估计值之上的。观测器与控制器结合后的系统设计框图如图 10.4.4 所示,实际上是将图 10.3.3 和图 10.4.1 结合起来。同时,读者也可以推导带有前馈的控制器与观测器的结合。读者可以自行完成剩余的工作,设计含有观测器的指尖平衡控制系统。

图 10.4.4 线性观测器与控制器结合设计框图

10.5 本章要点总结

- **系统的能控性**:
  - 系统能控的充分必要条件:能控矩阵 $C_o = [\begin{matrix} B & AB & A^2B & \cdots & A^{n-1}B \end{matrix}]$ 的秩为 n。
  - 系统能控不代表可以改变其平衡点或者令其状态变量按照一定轨迹移动。
- **线性状态反馈控制器**:
  - 线性反馈控制器的设计思路为极点配置。
  - $u(t) = -Kz(t)$,设计 K 使得闭环状态矩阵 $(A-BK)$ 的特征值实部都为负数。
  - 可以通过调整权重矩阵实现最优化控制。
  - $u(t) = Fz_d + K_e e(t)$ 可以改变系统的平衡点。
- **观测器设计**:
  - 系统能观测的充分必要条件:能观测矩阵 $O = [\begin{matrix} C & CA & CA^2 & \cdots & CA^{n-1} \end{matrix}]^T$ 的秩为 n。
  - 线性观测器:$\dfrac{d\hat{z}(t)}{dt} = (A-LC)\hat{z}(t) + (B-LD)u(t) + Ly(t)$,设计 L 使得 $(A-LC)$ 的特征值实部都为负数。
  - 当控制器与观测器结合的时候,观测器的收敛速度要快于控制器。

非线性系统的线性化

本书中所研究的动态系统都是线性时不变系统,但在实际生活中,很多系统都是非线性的。若要使用线性系统的理论处理非线性系统,则需要将非线性系统线性化。这要用到泰勒级数展开,即一个无穷可微的函数可以展开为

$$f(x) = f(x_0) + \frac{\left.\dfrac{\mathrm{d}f(x)}{\mathrm{d}x}\right|_{x=x_0}}{1!}(x-x_0) + \frac{\left.\dfrac{\mathrm{d}^2 f(x)}{\mathrm{d}x^2}\right|_{x=x_0}}{2!}(x-x_0)^2 + \cdots +$$

$$\frac{\left.\dfrac{\mathrm{d}^n f(x)}{\mathrm{d}x^n}\right|_{x=x_0}}{n!}(x-x_0)^n + \cdots \tag{A.1}$$

当 x 在 x_0 附近时,$(x-x_0)$ 很小,所以高阶项的 $(x-x_0)^n \to 0 (n \geqslant 2$ 时)。此时式(A.1)变为:

$$f(x) = f(x_0) + \left.\frac{\mathrm{d}f(x)}{\mathrm{d}x}\right|_{x=x_0}(x-x_0)$$

$$= \left.\frac{\mathrm{d}f(x)}{\mathrm{d}x}\right|_{x=x_0} x + f(x_0) - \left.\frac{\mathrm{d}f(x)}{\mathrm{d}x}\right|_{x=x_0} x_0 \tag{A.2}$$

式(A.2)是一个线性(直线)方程,其斜率为 $\left.\dfrac{\mathrm{d}f(x)}{\mathrm{d}x}\right|_{x=x_0}$,截距为 $f(x_0) - \left.\dfrac{\mathrm{d}f(x)}{\mathrm{d}x}\right|_{x=x_0} x_0$。

式(A.2)说明使用泰勒级数展开的线性化运算省略了高阶项,这意味着 x 偏离 x_0 越大,线性化估计的误差就越大。例如,非线性函数 $f(x) = \sin x$ 在 $x_0 = 0$ 附近线性化可得

$$f(x) = f(0) + \left.\frac{\mathrm{d}f(x)}{\mathrm{d}x}\right|_{x=0}(x-0) = \sin 0 + \cos 0(x) = x \tag{A.3}$$

图 A.1 是 $f(x) = \sin x$ 与 $f(x) = x$ 的示意图,通过对比可以发现,在 x 接近 0 点的时候这两条曲线非常相似。而一旦远离 0 点,就会产生较大的偏差。例如当 $x = \dfrac{\pi}{6}$ 时,$f(x) = \sin\dfrac{\pi}{6} = 0.5$。其线性化的结果是 $f(x) = x = \dfrac{\pi}{6}$,与实际结果之间的误差为 $\dfrac{\dfrac{\pi}{6} - 0.5}{0.5} \times 100\% = 4\%$。而当 $x = \dfrac{\pi}{4}$ 时,线性化后的估计结果与实际结果之间的误差为 $\dfrac{\dfrac{\pi}{4} - \sin\dfrac{\pi}{4}}{\sin\dfrac{\pi}{4}} \times 100\% = 11\%$。

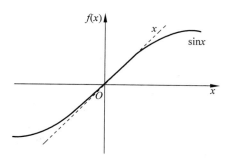

图 A.1　$f(x)=\sin x$ 与 $f(x)=x$ 在 0 点附近的对比图

对于非线性的动态系统，一般要求在平衡点附近对其进行线性化，考虑一个非线性系统的微分方程：

$$\frac{\mathrm{d}^2 x(t)}{\mathrm{d}t^2}+\frac{\mathrm{d}x(t)}{\mathrm{d}t}+\frac{1}{x(t)}=1 \tag{A.4}$$

首先求其平衡点，令 $\dfrac{\mathrm{d}^2 x(t)}{\mathrm{d}t^2}=\dfrac{\mathrm{d}x(t)}{\mathrm{d}t}=0$，得到 $x_{\mathrm{f}}=1$，在平衡点附近时 $x(t)$ 可以表达为：

$x(t)=x_{\mathrm{f}}+x_{\delta}(t)$。将非线性项 $f(x(t))=\dfrac{1}{x(t)}$ 用泰勒级数在 x_{f} 附近展开可得

$$\frac{1}{x(t)}=\frac{1}{x_{\mathrm{f}}}+\frac{\mathrm{d}f(x(t))}{\mathrm{d}x(t)}\bigg|_{x=x_{\mathrm{f}}}(x(t)-x_{\mathrm{f}})=\frac{1}{x_{\mathrm{f}}}-\frac{1}{x_{\mathrm{f}}^2}x_{\delta}(t) \tag{A.5}$$

代入 $x_{\mathrm{f}}=1$，得到

$$\frac{1}{x(t)}=1-x_{\delta}(t) \tag{A.6}$$

将 $x(t)-x_{\mathrm{f}}=x_{\delta}(t)$ 与式(A.6)代入式(A.4)，得到

$$\frac{\mathrm{d}^2(x_{\mathrm{f}}+x_{\delta}(t))}{\mathrm{d}t^2}+\frac{\mathrm{d}(x_{\mathrm{f}}+x_{\delta}(t))}{\mathrm{d}t}+1-x_{\delta}(t)=1$$

$$\Rightarrow \frac{\mathrm{d}^2 x_{\delta}(t)}{\mathrm{d}t^2}+\frac{\mathrm{d}x_{\delta}(t)}{\mathrm{d}t}-x_{\delta}(t)=0 \tag{A.7}$$

式(A.7)即为非线性系统在平衡点 $x_{\mathrm{f}}=1$ 附近的线性化方程。

考虑使用状态空间方程表达的非线性动态系统，定义为

$$\frac{\mathrm{d}z(t)}{\mathrm{d}t}=f(z(t)) \tag{A.8}$$

其中，$f(\ )$ 是非线性运算，$z(t)=[z_1(t),z_2(t),\cdots,z_n(t)]^{\mathrm{T}}$ 是状态变量。其平衡点为 z_{f}，在平衡点附近的线性化为

$$\frac{\mathrm{d}z_{\delta}(t)}{\mathrm{d}t}=\begin{bmatrix}\dfrac{\partial f_1}{\partial z_1(t)} & \cdots & \dfrac{\partial f_1}{\partial z_n(t)}\\[2mm]\vdots & \ddots & \vdots\\[2mm]\dfrac{\partial f_n}{\partial z_1(t)} & \cdots & \dfrac{\partial f_n}{\partial z_n(t)}\end{bmatrix}\Bigg|_{z=z_{\mathrm{f}}}z_{\delta}(t) \tag{A.9}$$

其中，$\begin{bmatrix} \dfrac{\partial f_1}{\partial z_1(t)} & \cdots & \dfrac{\partial f_1}{\partial z_n(t)} \\ \vdots & \ddots & \vdots \\ \dfrac{\partial f_n}{\partial z_1(t)} & \cdots & \dfrac{\partial f_n}{\partial z_n(t)} \end{bmatrix}$ 为 $n \times n$ 矩阵，称为**雅可比矩阵**（**Jacobi Matrix**）。

以式(A.4)为例，将它写成状态空间方程，令 $z_1(t) = x(t)$，$z_2(t) = \dfrac{\mathrm{d}x(t)}{\mathrm{d}t}$，得到

$$\frac{\mathrm{d}z_1(t)}{\mathrm{d}t} = z_2(t) = f_1(\boldsymbol{z}(t)) \tag{A.10a}$$

$$\frac{\mathrm{d}z_2(t)}{\mathrm{d}t} = 1 - \frac{1}{z_1(t)} - z_2(t) = f_2(\boldsymbol{z}(t)) \tag{A.10b}$$

求它的平衡点，令 $\dfrac{\mathrm{d}z_1(t)}{\mathrm{d}t} = \dfrac{\mathrm{d}z_2(t)}{\mathrm{d}t} = 0$，得到

$$\begin{cases} 0 = z_2(t) \\ 0 = 1 - \dfrac{1}{z_1(t)} - z_2(t) \end{cases}$$

$$\Rightarrow \begin{cases} z_{1\mathrm{f}} = 1 \\ z_{2\mathrm{f}} = 0 \end{cases} \tag{A.11}$$

使用式(A.9)，其雅可比矩阵为

$$\begin{bmatrix} \dfrac{\partial f_1}{\partial z_1(t)} & \dfrac{\partial f_1}{\partial z_2(t)} \\ \dfrac{\partial f_2}{\partial z_1(t)} & \dfrac{\partial f_2}{\partial z_2(t)} \end{bmatrix}\Bigg|_{z=z_\mathrm{f}} = \begin{bmatrix} \dfrac{\partial(z_2(t))}{\partial z_1(t)} & \dfrac{\partial(z_2(t))}{\partial z_2(t)} \\ \dfrac{\partial\left(1 - \dfrac{1}{z_1(t)} - z_2(t)\right)}{\partial z_1(t)} & \dfrac{\partial\left(1 - \dfrac{1}{z_1(t)} - z_2(t)\right)}{\partial z_2(t)} \end{bmatrix}\Bigg|_{z=z_\mathrm{f}}$$

$$= \begin{bmatrix} 0 & 1 \\ \dfrac{1}{z_1^2(t)} & -1 \end{bmatrix}\Bigg|_{z=z_\mathrm{f}} = \begin{bmatrix} 0 & 1 \\ 1 & -1 \end{bmatrix} \tag{A.12}$$

因此，它的线性化后的结果为

$$\frac{\mathrm{d}\boldsymbol{z}_\delta(t)}{\mathrm{d}t} = \begin{bmatrix} 0 & 1 \\ 1 & -1 \end{bmatrix} \boldsymbol{z}_\delta(t) \tag{A.13}$$

展开为

$$\frac{\mathrm{d}z_{\delta 1}(t)}{\mathrm{d}t} = z_{\delta 2}(t) \tag{A.14a}$$

$$\frac{\mathrm{d}z_{\delta 2}(t)}{\mathrm{d}t} = z_{\delta 1}(t) - z_{\delta 2}(t) \tag{A.14b}$$

其结果与式(A.7)所表达的结果一致。

傅里叶级数与变换

傅里叶级数与变换是重要的数学工具,在信号处理、图像处理、控制工程中都得到了广泛的应用。在网络中有大量的关于傅里叶级数与变换的视频与文字教程,在我的视频课程中,这部分内容的观看量也一直是比较高的。本附录将详细推导傅里叶级数与傅里叶变换。

B.1 三角函数的正交性

首先讨论三角函数的正交性,在几何概念中正交即垂直。如图 B.1.1 所示的向量 a 和 b 互相垂直,若使用解析法来表达,它们的内积(点积)为 0,即

$$a \cdot b = |a||b|\cos\varphi = 0 \tag{B.1.1}$$

图 B.1.1(a)中的两个垂直二维列向量为 $a = [2,1]^T, b = [-1,2]^T$,可得

$$a \cdot b = \begin{bmatrix} 2 & 1 \end{bmatrix} \begin{bmatrix} -1 \\ 2 \end{bmatrix} = 2 \times (-1) + 1 \times 2 = 0 \tag{B.1.2}$$

图 B.1.1(b)中的两个垂直三维向量为 $a = [1,2,3]^T, b = [1,-2,1]^T$,可得

$$a \cdot b = \begin{bmatrix} 1 & 2 & 3 \end{bmatrix} \begin{bmatrix} 1 \\ -2 \\ 1 \end{bmatrix} = 1 \times 1 + 2 \times (-2) + 3 \times 1 = 0 \tag{B.1.3}$$

(a) 二维向量　　　　　　　(b) 三维向量

图 B.1.1　向量正交性举例

将上述概念推广到更高的维度,即

$$a = [a_1, a_2, a_3, \cdots, a_n]^T \tag{B.1.4a}$$

$$b = [b_1, b_2, b_3, \cdots, b_n]^{\mathrm{T}} \tag{B.1.4b}$$

那么，a 与 b 正交意味着

$$a \cdot b = \sum_{i=1}^{n} a_i b_i = 0 \tag{B.1.5}$$

进一步将正交的概念推广到连续函数上，在某一区间 $x \in [a,b]$，如果函数 $f(x)$ 和 $g(x)$ 正交，则

$$\int_a^b f(x)g(x)\mathrm{d}x = 0 \tag{B.1.6}$$

式(B.1.6)即为函数正交的定义。下面讨论三角函数系：

$$\{1, \sin x, \cos x, \sin 2x, \cos 2x, \sin 3x, \cos 3x, \cdots, \sin nx, \cos nx, \cdots\} \tag{B.1.7}$$

式(B.1.7)中的"1"可以理解为 $\cos 0x$。因为 $\sin 0x = 0$，所以没有写在其中。三角函数的正交性是指，在式(B.1.7)中任何两个不同函数的乘积在区间 $x \in [-\pi, \pi]$ 内正交，例如

$$\int_{-\pi}^{\pi} \sin nx \cos nx \, \mathrm{d}x = 0 \tag{B.1.8a}$$

$$\int_{-\pi}^{\pi} \cos nx \cos mx \, \mathrm{d}x = 0 \quad n \neq m \tag{B.1.8b}$$

$$\int_{-\pi}^{\pi} \sin mx \, \mathrm{d}x = \int_{-\pi}^{\pi} 1 \times \sin mx \, \mathrm{d}x = 0 \tag{B.1.8c}$$

读者可以利用三角函数积化和差的方式进行验证。注意式(B.1.8b)，只有当 $n \neq m$ 时，$\cos nx$ 和 $\cos mx$ 才是三角函数系中两个不同的函数，才在区间 $x \in [-\pi, \pi]$ 内正交。否则，当 $n = m$ 时

$$\int_{-\pi}^{\pi} \cos nx \cos nx \, \mathrm{d}x = \int_{-\pi}^{\pi} \frac{1}{2}(1 + \cos 2nx)\mathrm{d}x$$

$$= \frac{1}{2}\left(\int_{-\pi}^{\pi} 1 \mathrm{d}x + \int_{-\pi}^{\pi} \cos 2nx \, \mathrm{d}x\right) = \frac{1}{2}\int_{-\pi}^{\pi} 1 \mathrm{d}x$$

$$= \frac{1}{2}x \Big|_{-\pi}^{\pi} = \pi \tag{B.1.9}$$

B.2 周期为 2π 的函数展开成傅里叶级数

B.1 节介绍了三角函数的正交性，本节将利用这一性质推导周期为 2π 的函数展开为傅里叶级数。式(B.2.1)描述了周期 $T = 2\pi$ 的函数表达式：

$$f_T(x) = f_T(x + 2\pi) \tag{B.2.1}$$

$f_T(x)$ 可以用三角级数表达为

$$f_T(x) = \frac{a_0}{2} + \sum_{n=1}^{\infty} (a_n \cos nx + b_n \sin nx) \tag{B.2.2}$$

> 式(B.2.2)是在大部分教科书中出现的傅里叶级数展开表达式，但是它很不容易理解，尤其是 $\frac{a_0}{2}$ 项在式子中显得很不和谐。这也是影响很多读者理解傅里叶级数的主要障碍。

从直观上看,观察图 B.2.1。当从三角函数系中选择几个元素,让它们分别乘以一个系数后再叠加在一起,就会形成一个以 2π 为周期的函数。

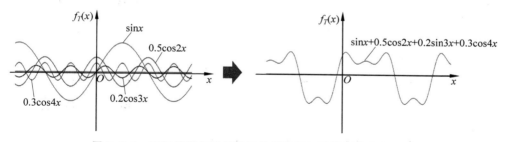

图 B.2.1 不同周期与振幅的三角函数叠加形成新的周期函数

这一现象可以拓展为:将式(B.1.7)三角函数系中的所有元素乘以特定的系数后叠加,就可以构成任意周期为 2π 的函数 $f_T(x)$。用数学语言表达为

$$f_T(x) = \sum_{n=0}^{\infty} a_n^* \cos nx + \sum_{n=0}^{\infty} b_n \sin nx \tag{B.2.3}$$

其中,a_n^* 和 b_n 是常数,代表不同频率(周期)的振幅。下面来求解 a_n^* 和 b_n 的表达式。

将式(B.2.3)中 $n=0$ 的项单独列出来,得到

$$f_T(x) = a_0^* \cos 0 + b_0 \sin 0 + \sum_{n=1}^{\infty} (a_0^* \cos nx + b_n \sin nx)$$

$$= a_0^* + \sum_{n=1}^{\infty} (a_n^* \cos nx + b_n \sin nx) \tag{B.2.4}$$

此时比较式(B.2.4)和式(B.2.2),会发现只有第一项 a_0^* 不太一样。这将在后面的推导中解释。

首先求 a_0^*,对式(B.2.4)等号两边从 $-\pi$ 到 π 做定积分,得到

$$\int_{-\pi}^{\pi} f_T(x)\,\mathrm{d}x = \int_{-\pi}^{\pi} a_0^* \,\mathrm{d}x + \int_{-\pi}^{\pi} \sum_{n=1}^{\infty} (a_n^* \cos nx + b_n \sin nx)\,\mathrm{d}x$$

$$= \int_{-\pi}^{\pi} a_0^* \,\mathrm{d}x + \sum_{n=1}^{\infty} a_n^* \int_{-\pi}^{\pi} \cos nx \,\mathrm{d}x + \sum_{n=1}^{\infty} b_n \int_{-\pi}^{\pi} \sin nx \,\mathrm{d}x \tag{B.2.5}$$

根据三角函数的正交性,等号右边的 $\sum\limits_{n=1}^{\infty} a_n^* \int_{-\pi}^{\pi} \cos nx \,\mathrm{d}x + \sum\limits_{n=1}^{\infty} b_n \int_{-\pi}^{\pi} \sin nx \,\mathrm{d}x = 0$。可得

$$\int_{-\pi}^{\pi} f_T(x)\,\mathrm{d}x = \int_{-\pi}^{\pi} a_0^* \,\mathrm{d}x \Rightarrow \int_{-\pi}^{\pi} f_T(x)\,\mathrm{d}x = 2\pi a_0^*$$

$$\Rightarrow a_0^* = \frac{1}{2\pi} \int_{-\pi}^{\pi} f_T(x)\,\mathrm{d}x \tag{B.2.6}$$

下面求 a_n^*,令式(B.2.4)等号两边乘以 $\cos mx$ 后再从 $-\pi$ 到 π 做定积分,得到

$$\int_{-\pi}^{\pi} f_T(x)\cos mx\,\mathrm{d}x = \int_{-\pi}^{\pi} a_0^* \cos mx\,\mathrm{d}x + \int_{-\pi}^{\pi} \sum_{n=1}^{\infty} (a_n^* \cos nx \cos mx + b_n \sin nx \cos mx)\,\mathrm{d}x$$

$$= \int_{-\pi}^{\pi} a_0^* \cos mx \, \mathrm{d}x + \sum_{n=1}^{\infty} a_n^* \int_{-\pi}^{\pi} \cos nx \cos mx \, \mathrm{d}x +$$

$$\sum_{n=1}^{\infty} b_n \int_{-\pi}^{\pi} \sin nx \cos mx \, \mathrm{d}x \qquad\qquad \text{(B. 2. 7)}$$

注意式（B. 2. 7）等号右边，根据三角函数的正交性，$\int_{-\pi}^{\pi} a_0^* \cos mx \, \mathrm{d}x = 0$ 且 $\sum_{n=1}^{\infty} b_n \int_{-\pi}^{\pi} \sin nx \cos mx \, \mathrm{d}x = 0$，而在 $\sum_{n=1}^{\infty} a_n^* \int_{-\pi}^{\pi} \cos nx \cos mx \, \mathrm{d}x$ 中，所有的加和项里只有当 $m = n$ 时才不为 0。此时式（B. 2. 7）可以写成

$$\int_{-\pi}^{\pi} f_T(x) \cos nx \, \mathrm{d}x = a_n^* \int_{-\pi}^{\pi} \cos nx \cos nx \, \mathrm{d}x = a_n^* \pi \qquad \text{(B. 2. 8a)}$$

其中，$\int_{-\pi}^{\pi} \cos nx \cos nx \, \mathrm{d}x = \pi$（参考式（B. 1. 9））。得到

$$a_n^* = \frac{1}{\pi} \int_{-\pi}^{\pi} f_T(x) \cos nx \, \mathrm{d}x, \quad n = 1, 2, 3, \cdots \qquad \text{(B. 2. 8b)}$$

请注意，在式（B. 2. 8b）中，当 $n = 0$ 时，$a_{n=0}^* = \frac{1}{\pi} \int_{-\pi}^{\pi} f_T(x) \, \mathrm{d}x$。它与式（B. 2. 6）中所得出的结果并不相同。因此，为了避免不一致带来的疑惑，定义

$$\begin{cases} a_0 = 2a_0^* = \frac{1}{\pi} \int_{-\pi}^{\pi} f_T(x) \, \mathrm{d}x \\[2mm] a_n = a_n^* = \frac{1}{\pi} \int_{-\pi}^{\pi} f_T(x) \cos nx \, \mathrm{d}x, \quad n = 1, 2, 3, \cdots \end{cases} \qquad \text{(B. 2. 9)}$$

将式（B. 2. 9）代入式（B. 2. 4），可得

$$f_T(x) = \frac{a_0}{2} + \sum_{n=1}^{\infty} (a_n \cos nx + b_n \sin nx) \qquad \text{(B. 2. 10)}$$

以上表达和式（B. 2. 2）一致。

对于 b_n，令式（B. 2. 4）等号两边乘以 $\sin mx$ 后再从 $-\pi$ 到 π 做定积分，可得

$$b_n = \frac{1}{\pi} \int_{-\pi}^{\pi} f_T(x) \sin nx \, \mathrm{d}x, \quad n = 1, 2, 3, \cdots \qquad \text{(B. 2. 11)}$$

将式（B. 2. 9）、式（B. 2. 10）和式（B. 2. 11）整理在一起，可以得到周期为 2π 的函数展开为傅里叶级数的表达形式，即

$$f_T(x) = \frac{a_0}{2} + \sum_{n=1}^{\infty} (a_n \cos nx + b_n \sin nx) \qquad \text{(B. 2. 12a)}$$

其中，
$$\begin{cases} a_n = \frac{1}{\pi} \int_{-\pi}^{\pi} f_T(x) \cos nx \, \mathrm{d}x \quad n = 0, 1, 2, \cdots \\[2mm] b_n = \frac{1}{\pi} \int_{-\pi}^{\pi} f_T(x) \sin nx \, \mathrm{d}x \quad n = 1, 2, 3, \cdots \end{cases} \qquad \text{(B. 2. 12b)}$$

需要注意的是，从纯数学角度来看，$f_T(x)$ 不一定在 $-\pi$ 到 π 之间可积，即 $\int_{-\pi}^{\pi} f_T(x) \, \mathrm{d}x$ 不一定存在，所以周期函数不一定都可以展开为式（B. 2. 12）的形式（傅里叶级数有可能不收敛）。但从工程角度分析，不管是控制工程还是信号处理，所处理的函数大都是可积的，所以

在本附录中不考虑数学中的特殊情况。

B.3 周期为 $2L$ 的函数展开成傅里叶级数

B.2 节讨论了周期函数 $f_T(x) = f_T(x + 2\pi)$ 的傅里叶级数。本节将在此基础上进行拓展，定义一个新的周期函数为

$$f_T(t) = f_T(t + 2L), \quad T = 2L \tag{B.3.1}$$

它是周期为 $T = 2L$ 的函数。通过换元法，令 $t = \dfrac{L}{\pi}x$，得到

$$f_T(t) = f_T\left(\frac{L}{\pi}x\right) \triangleq g_T(x) \tag{B.3.2a}$$

可得

$$g_T(x + 2\pi) = f_T\left(\frac{L}{\pi}(x + 2\pi)\right) = f_T\left(\frac{L}{\pi}x + 2L\right) = f_T\left(\frac{L}{\pi}x\right) = g_T(x) \tag{B.3.2b}$$

因此，换元之后 $g_T(x)$ 是一个周期为 2π 的函数，根据式 (B.2.12)，它可以展开为傅里叶级数，即

$$g_T(x) = \frac{a_0}{2} + \sum_{n=1}^{\infty}(a_n \cos nx + b_n \sin nx) \tag{B.3.3a}$$

其中，

$$\begin{cases} a_n = \dfrac{1}{\pi}\displaystyle\int_{-\pi}^{\pi} g_T(x)\cos nx\,\mathrm{d}x & n = 0,1,2,\cdots \\ b_n = \dfrac{1}{\pi}\displaystyle\int_{-\pi}^{\pi} g_T(x)\sin nx\,\mathrm{d}x & n = 1,2,3,\cdots \end{cases} \tag{B.3.3b}$$

将 $t = \dfrac{L}{\pi}x$（即 $x = \dfrac{\pi}{L}t$）代入式 (B.3.3a)，得到

$$f_T(t) = g_T(x) = \frac{a_0}{2} + \sum_{n=1}^{\infty}\left(a_n \cos n\frac{\pi}{L}t + b_n \sin n\frac{\pi}{L}t\right) \tag{B.3.4}$$

此外，当 x 的上下限为 $[\pi, -\pi]$ 时，t 的上下限为 $\left[\pi\dfrac{L}{\pi}, -\pi\dfrac{L}{\pi}\right] = [L, -L]$，式 (B.3.3b) 可写成

$$a_n = \frac{1}{\pi}\int_{-L}^{L} f_T(t)\cos n\frac{\pi}{L}t\,\mathrm{d}\frac{\pi}{L}t$$

$$= \frac{1}{\pi}\frac{\pi}{L}\int_{-L}^{L} f_T(t)\cos n\frac{\pi}{L}t\,\mathrm{d}t = \frac{1}{L}\int_{-L}^{L} f_T(t)\cos n\frac{\pi}{L}t\,\mathrm{d}t \tag{B.3.5}$$

$$b_n = \frac{1}{\pi}\int_{-L}^{L} f_T(t)\sin n\frac{\pi}{L}t\,\mathrm{d}\frac{\pi}{L}t$$

$$= \frac{1}{\pi}\frac{\pi}{L}\int_{-L}^{L} f_T(t)\sin n\frac{\pi}{L}t\,\mathrm{d}t = \frac{1}{L}\int_{-L}^{L} f_T(t)\sin n\frac{\pi}{L}t\,\mathrm{d}t \tag{B.3.6}$$

式 (B.3.4)、式 (B.3.5) 和式 (B.3.6) 是周期为 $2L$ 的函数展开为傅里叶级数的表达。引入基频率 ω_T，令

$$\omega_T = \frac{\pi}{L} = \frac{2\pi}{T} \tag{B.3.7}$$

将式 (B.3.7) 代入式 (B.3.4)～式 (B.3.6)，得到

$$f_T(t) = \frac{a_0}{2} + \sum_{n=1}^{\infty}(a_n\cos n\omega_T t + b_n\sin n\omega_T t) \tag{B.3.8a}$$

$$\begin{cases} a_n = \dfrac{2}{T}\displaystyle\int_{-\frac{T}{2}}^{\frac{T}{2}}f_T(t)\cos n\omega_T t\,\mathrm{d}t & n=0,1,2,\cdots \\[2mm] b_n = \dfrac{2}{T}\displaystyle\int_{-\frac{T}{2}}^{\frac{T}{2}}f_T(t)\sin n\omega_T t\,\mathrm{d}t & n=1,2,3,\cdots \end{cases} \tag{B.3.8b}$$

在式(B.3.8)中,如果考虑该函数 $f_T(t)$ 周期无限大($T\to\infty$),即函数将在无限久之后才重复。此时的周期函数就变成了非周期函数,即 $f_T(t)\to f(t)$。这意味着可以将任意的函数展开为三角函数的叠加。在处理它之前,首先要找到傅里叶级数的复数表达形式。

B.4　傅里叶级数的复数表达形式

傅里叶级数的复数表达形式可以帮助分析非周期函数的傅里叶表达。首先复习欧拉恒等式:

$$\cos\varphi + \mathrm{j}\sin\varphi = \mathrm{e}^{\mathrm{j}\varphi} \tag{B.4.1a}$$

用 $-\varphi$ 替换 φ,得到

$$\cos(-\varphi) + \mathrm{j}\sin(-\varphi) = \mathrm{e}^{-\mathrm{j}\varphi}$$
$$\Rightarrow \cos\varphi - \mathrm{j}\sin\varphi = \mathrm{e}^{-\mathrm{j}\varphi} \tag{B.4.1b}$$

令式(B.4.1a)加式(B.4.1b),得到

$$2\cos\varphi = \mathrm{e}^{\mathrm{j}\varphi} + \mathrm{e}^{-\mathrm{j}\varphi}$$
$$\Rightarrow \cos\varphi = \frac{1}{2}(\mathrm{e}^{\mathrm{j}\varphi} + \mathrm{e}^{-\mathrm{j}\varphi}) \tag{B.4.2a}$$

令式(B.4.1a)减式(B.4.1b),得到

$$2\mathrm{j}\sin\varphi = \mathrm{e}^{\mathrm{j}\varphi} - \mathrm{e}^{-\mathrm{j}\varphi}$$
$$\Rightarrow \sin\varphi = -\frac{1}{2}\mathrm{j}(\mathrm{e}^{\mathrm{j}\varphi} - \mathrm{e}^{-\mathrm{j}\varphi}) \tag{B.4.2b}$$

将式(B.4.2a)和式(B.4.2b)代入式(B.3.8a),得到

$$\begin{aligned} f_T(t) &= \frac{a_0}{2} + \sum_{n=1}^{\infty}(a_n\cos n\omega_T tx + b_n\sin n\omega_T t) \\ &= \frac{a_0}{2} + \sum_{n=1}^{\infty}\left(a_n\left(\frac{1}{2}(\mathrm{e}^{\mathrm{j}n\omega_T t} + \mathrm{e}^{-\mathrm{j}n\omega_T t}) - b_n\left(\frac{1}{2}\mathrm{j}(\mathrm{e}^{\mathrm{j}n\omega_T t} - \mathrm{e}^{-\mathrm{j}n\omega_T t})\right.\right. \\ &= \frac{a_0}{2} + \sum_{n=1}^{\infty}\left(\frac{a_n - \mathrm{j}b_n}{2}\mathrm{e}^{\mathrm{j}n\omega_T t} + \frac{a_n + \mathrm{j}b_n}{2}\mathrm{e}^{-\mathrm{j}n\omega_T t}\right) \\ &= \frac{a_0}{2} + \sum_{n=1}^{\infty}\frac{a_n - \mathrm{j}b_n}{2}\mathrm{e}^{\mathrm{j}n\omega_T t} + \sum_{n=1}^{\infty}\frac{a_n + \mathrm{j}b_n}{2}\mathrm{e}^{-\mathrm{j}n\omega_T t} \end{aligned} \tag{B.4.3}$$

其中,$\dfrac{a_0}{2}$ 可以调整写成

$$\frac{a_0}{2} = \sum_{n=0}^{0}\frac{a_0}{2}\mathrm{e}^{\mathrm{j}n\omega_T t} \tag{B.4.4a}$$

对于 $\sum\limits_{n=1}^{\infty} \dfrac{a_n + \mathrm{j}b_n}{2}\mathrm{e}^{-\mathrm{j}n\omega_T t}$ 项,用 $-n$ 代替 n,可以调整为

$$\sum_{n=1}^{\infty} \frac{a_n + \mathrm{j}b_n}{2}\mathrm{e}^{-\mathrm{j}n\omega_T t} = \sum_{n=-\infty}^{-1} \frac{a_{(-n)} + \mathrm{j}b_{(-n)}}{2}\mathrm{e}^{-\mathrm{j}(-n)\omega_T t}$$

$$= \sum_{n=-\infty}^{-1} \frac{a_{(-n)} + \mathrm{j}b_{(-n)}}{2}\mathrm{e}^{\mathrm{j}n\omega_T t} \tag{B.4.4b}$$

将式(B.4.4a)和式(B.4.4b)代入式(B.4.3),得到

$$f_T(t) = \sum_{n=0}^{0} \frac{a_0}{2}\mathrm{e}^{\mathrm{j}n\omega_T t} + \sum_{1}^{\infty} \frac{a_n - \mathrm{j}b_n}{2}\mathrm{e}^{\mathrm{j}n\omega_T t} + \sum_{n=-\infty}^{-1} \frac{a_{(-n)} + \mathrm{j}b_{(-n)}}{2}\mathrm{e}^{\mathrm{j}n\omega_T t} \tag{B.4.5}$$

观察式(B.4.5),可以发现加和部分中的 n 覆盖了 $[-\infty,\infty]$ 的全部整数,因此式(B.4.5)可以写成

$$f_T(t) = \sum_{n=-\infty}^{\infty} c_n \mathrm{e}^{\mathrm{j}n\omega_T t} \tag{B.4.6}$$

其中,

$$c_n = \begin{cases} \dfrac{a_0}{2}, & n=0 \\[2mm] \dfrac{a_n - \mathrm{j}b_n}{2}, & n=1,2,3,\cdots \\[2mm] \dfrac{a_{(-n)} + \mathrm{j}b_{(-n)}}{2}, & n=-1,-2,-3,\cdots \end{cases} \tag{B.4.7}$$

计算 c_n,将式(B.3.8b)代入式(B.4.7),其中

当 $n=0$ 时

$$c_n = \frac{a_0}{2} = \frac{1}{2}\frac{2}{T}\int_{-\frac{T}{2}}^{\frac{T}{2}} f_T(t)\mathrm{d}t = \frac{1}{T}\int_{-\frac{T}{2}}^{\frac{T}{2}} f_T(t)\mathrm{d}t$$

$$= \frac{1}{T}\int_{-\frac{T}{2}}^{\frac{T}{2}} f_T(t)\mathrm{e}^{-\mathrm{j}0\omega_T t}\mathrm{d}t \tag{B.4.8a}$$

当 $n=1,2,3,\cdots$ 时

$$c_n = \frac{a_n - \mathrm{j}b_n}{2} = \frac{1}{2}\left(\frac{2}{T}\int_{-\frac{T}{2}}^{\frac{T}{2}} f_T(t)\cos n\omega_T t\,\mathrm{d}t - \mathrm{j}\frac{2}{T}\int_{-\frac{T}{2}}^{\frac{T}{2}} f_T(t)\sin n\omega_T t\,\mathrm{d}t\right)$$

$$= \frac{1}{T}\left(\int_{-\frac{T}{2}}^{\frac{T}{2}} f_T(t)(\cos n\omega_T t - \mathrm{j}\sin n\omega_T t)\mathrm{d}t\right)$$

$$= \frac{1}{T}\int_{-\frac{T}{2}}^{\frac{T}{2}} f_T(t)\mathrm{e}^{-\mathrm{j}n\omega_T t}\mathrm{d}t \tag{B.4.8b}$$

当 $n=-1,-2,-3,\cdots$ 时

$$c_n = \frac{a_{(-n)} + \mathrm{j}b_{(-n)}}{2} = \frac{1}{2}\left(\frac{2}{T}\int_{-\frac{T}{2}}^{\frac{T}{2}} f_T(t)\cos(-n)\omega_T t\,\mathrm{d}t + \mathrm{j}\frac{2}{T}\int_{-\frac{T}{2}}^{\frac{T}{2}} f_T(t)\sin(-n)\omega_T t\,\mathrm{d}x\right)$$

$$= \frac{1}{T}\left(\int_{-\frac{T}{2}}^{\frac{T}{2}} f_T(t)(\cos n\omega_T t - \mathrm{j}\sin n\omega_T t)\mathrm{d}x\right)$$

$$= \frac{1}{T}\int_{-\frac{T}{2}}^{\frac{T}{2}} f_T(t)\mathrm{e}^{-\mathrm{j}n\omega_T t}\mathrm{d}t \tag{B.4.8c}$$

此时归纳式(8.4.8),发现 c_n 可以写成一个统一的形式,即

$$c_n = \frac{1}{T}\int_{-\frac{T}{2}}^{\frac{T}{2}} f_T(t)\mathrm{e}^{-\mathrm{j}n\omega_T t}\,\mathrm{d}t \quad n=0,\pm 1,\pm 2,\pm 3,\cdots \tag{B.4.9}$$

式(8.4.6)和式(8.4.9)说明,当使用复数表达傅里叶级数时会非常简单。

B.5 傅里叶变换

本节将推导傅里叶变换,在开始之前,首先思考傅里叶级数的物理意义。在 B.4 节中介绍了周期为 T 的函数 $f_T(t)$ 的傅里叶级数展开的复数表达,即

$$f_T(t) = \sum_{n=-\infty}^{\infty} c_n \mathrm{e}^{\mathrm{j}n\omega_T t} \tag{B.5.1}$$

其中

$$c_n = \frac{1}{T}\int_{-\frac{T}{2}}^{\frac{T}{2}} f_T(t)\mathrm{e}^{-\mathrm{j}n\omega_T t}\,\mathrm{d}t \quad n=0,\pm 1,\pm 2,\pm 3,\cdots \tag{B.5.2}$$

观察式(B.5.1)可以发现,任何周期为 T 的函数展开后的表达形式都是一致的,都是一系列的复数 c_n 与 $\mathrm{e}^{\mathrm{j}n\omega_T t}$ 的乘积之后加和的结果。因此,将不同周期函数区别开的是式(B.5.2)中所计算的 c_n 项。例如,图 B.5.1(a)是周期函数 $f_T(t)$,图 B.5.1(b)则是其所对应的 c_n。

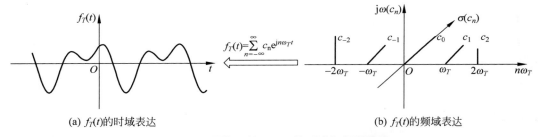

(a) $f_T(t)$的时域表达   (b) $f_T(t)$的频域表达

图 B.5.1　周期函数 $f_T(t)$ 的时域与频域表达

其中,图 B.5.1(a)以时间 t 为横坐标,称为 $f_T(t)$ 的时域表达,而图 B.5.1(b)则显示了周期函数在不同频率下 c_n 的值,称为频域表达,它是 $f_T(t)$ 的**频谱(Spectral Density)**。这就是从不同的角度看世界,每一个周期函数都将对应一种频谱。请注意,一般情况下看到的频谱很少是图 B.5.1(b)这种三维复平面的,而是会把复数的模 $|c_n|$ 单独列出来,这样就可以得到时间函数在不同频率下的强度了。这在分析系统信号及设计滤波器中是非常重要的。

到此为止,我们讨论的一直都是周期函数 $f_T(t)$ 的傅里叶级数的展开,是否可以将其推广到更一般的形式呢?如果考虑 $f_T(t)$ 周期无限大,即 $T\to\infty$,即函数将在无限久之后才重复。此时的周期函数就变成了非周期函数,即 $f_T(t)\to f(t)$。首先考虑周期函数的频谱,如图 B.5.2(a)所示,它的横坐标是离散的形式,之间的间隔为

$$\Delta\omega = (n+1)\omega_T - n\omega_T = \omega_T = \frac{2\pi}{T} \tag{B.5.3}$$

随着周期 T 的增加,间隔 $\Delta\omega$ 会变得越来越小。当 $T\to\infty$ 时,$\Delta\omega\to 0$,原本的离散形式就变成了连续形式,如图 B.5.2(b)所示,此时横坐标变成了连续变量 ω。因此,原本离散的 c_n 也将变成一条连续的曲线。

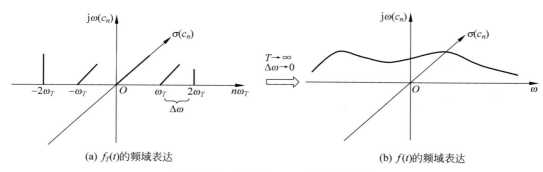

图 B.5.2 当周期 $T \to \infty$ 时的频谱变化

将式(B.5.2)代入式(B.5.1),得到

$$f_T(t) = \sum_{n=-\infty}^{\infty} \frac{1}{T} \int_{-\frac{T}{2}}^{\frac{T}{2}} f_T(t) e^{-jn\omega_T t} dt\, e^{jn\omega_T t} \tag{B.5.4}$$

根据式(B.5.3),$\dfrac{1}{T} = \dfrac{\Delta\omega}{2\pi}$,代入式(B.5.4),得到

$$f_T(t) = \sum_{n=-\infty}^{\infty} \frac{\Delta\omega}{2\pi} \int_{-\frac{T}{2}}^{\frac{T}{2}} f_T(t) e^{-jn\omega_T t} dt\, e^{jn\omega_T t}$$

$$= \frac{1}{2\pi} \sum_{n=-\infty}^{\infty} \int_{-\frac{T}{2}}^{\frac{T}{2}} f_T(t) e^{-jn\omega_T t} dt\, e^{jn\omega_T t} \Delta\omega \tag{B.5.5}$$

当 $T \to \infty$ 时,$f_T(t) \to f(t)$,$\displaystyle\int_{-\frac{T}{2}}^{\frac{T}{2}} f_T(t) e^{-jn\omega_T t} dt \to \int_{-\infty}^{\infty} f(t) e^{-j\omega t} dt$,式(B.5.5)中的加和也将变成积分。因此,式(B.5.5)可以写成

$$f(t) = \frac{1}{2\pi} \int_{-\infty}^{\infty} \int_{-\infty}^{\infty} f(t) e^{-j\omega t} dt\, e^{j\omega t} d\omega \tag{B.5.6}$$

其中,令

$$F(\omega) = \int_{-\infty}^{\infty} f(t) e^{-j\omega t} dt \tag{B.5.7}$$

$F(\omega)$ 被称为 $f(t)$ 的**傅里叶变换**。同时,称 $f(t) = \dfrac{1}{2\pi} \displaystyle\int_{-\infty}^{\infty} F(\omega) e^{j\omega t} d\omega$ 为 $F(\omega)$ 的**傅里叶逆变换**。

通过上述详细的推导,我们得到了函数 $f(t)$ 的傅里叶变换,对比式(B.5.7)与拉普拉斯变换:

$$\mathcal{L}[f(t)] = F(s) = \int_0^{\infty} f(t) e^{-st} dt \tag{B.5.8}$$

会发现傅里叶变换是拉普拉斯变换的一种特殊情况(当 $s = j\omega$ 时)。所以,傅里叶变换有拉普拉斯变换的一切性质。此外,实函数的傅里叶变换为**埃尔米特函数**,符合共轭对称。根据傅里叶变换的定义:

$$\overline{F(\omega)} = \int_{-\infty}^{\infty} \overline{f(t) e^{-j\omega t}}\, dt = \int_{-\infty}^{\infty} \overline{f(t)}\, e^{j\omega t} dt = \int_{-\infty}^{\infty} f(t) e^{j\omega t} dt = F(-\omega) \tag{B.5.9}$$

其中,$\overline{F(\omega)}$ 代表 $F(\omega)$ 的共轭复数。$\overline{F(\omega)} = F(-\omega)$ 是一个非常重要的性质,它被运用在第 9 章中推导频率响应。